U0340826

天然气低碳催化燃烧特性和应用

Characteristics and Applications for Low - Carbon Catalytic Combustion of Natural Gas

张世红 [法] Dupont Valerie [英] Williams Alan 著

中国建筑工业出版社

图书在版编目（CIP）数据

天然气低碳催化燃烧特性和应用/张世红，(法)瓦勒里(Valerie，D.)，(英)艾伦(Alan，W.)著.—北京：中国建筑工业出版社，2015.6
ISBN 978-7-112-18114-8

Ⅰ.①天…　Ⅱ.①张…②瓦…③艾…　Ⅲ.①天然气-催化-燃烧　Ⅳ.①TE646

中国版本图书馆 CIP 数据核字(2015)第 097956 号

天然气催化燃烧技术与普通火焰燃烧技术相比具有很大优势。催化燃烧效率极高，在贫燃料燃烧条件下是完全异相氧化，其燃烧效率接近 100%，催化燃烧在铂表面的异相反应抑制了气相氧化反应程度，同时抑制氮氧化物、一氧化碳的产生。

根据分步化学机理方法模拟出的结果可以得出，铂表面的异相反应抑制了气相氧化反应的程度，并且提高了单相点燃的表面温度。在此理论的指导下，进行了多种天然气催化燃烧设备的设计和研究，催化燃烧过程可达到近零污染排放。作为低碳的战略对天然气催化燃烧锅炉、烤箱和炉窑的应用前景进行了讨论。

天然气催化燃烧实现了真正意义上的低碳脱硝排放，烟气经过高温而达到无菌且成分与新鲜空气相同。天然气催化燃烧在供热、食品工业、化工和炉窑、部分冶金行业和农业中因其燃烧的稳定性、完全燃烧和近零污染可以发挥出普通燃烧不可代替的作用。

本书可供从事动力工程、燃烧、供热、化工、冶金、制冷空调及能源工程和热物理等专业的本科生、研究生及专业人士使用，也可作参考书。

责任编辑：李玲洁　田启铭
责任设计：李志立
责任校对：李美娜　刘梦然

天然气低碳催化燃烧特性和应用
Characteristics and Applications for Low - Carbon Catalytic Combustion of Natural Gas
张世红　[法] Dupont Valerie　[英] Williams Alan　著

*

中国建筑工业出版社出版、发行(北京西郊百万庄)
各地新华书店、建筑书店经销
北京红光制版公司制版
北京中科印刷有限公司印刷

*

开本：787×1092 毫米　1/16　印张：5¾　插页：1　字数：109 千字
2015 年 6 月第一版　2015 年 6 月第一次印刷
定价：**28.00** 元
ISBN 978-7-112-18114-8
(27326)

Preface

We are delighted to write a foreword to this exciting book which presents the results of a comprehensive investigation into the catalytic combustion of natural gas as a near zero emissions technology for potential use in domestic boilers. Catalytic combustion has been known since 1818, the year in which Sir Humphrey Davies observed that coal-gas and oxygen were able to sustain a combustion reaction on a platinum wire in the absence of a flame, giving off thermal radiation from the wire in its place. The advantage of burning gaseous fuels completely, that is, without forming carbon monoxide or leaving fuel unreacted, and flamelessly in a large excess of air, and at temperatures below the threshold of nitrogen oxides formation, has been exploited in many combustion applications since the 1970s. The technology showed a slow uptake in commercialisation due to the high cost and limited lifetime of the supported noble metal catalysts required for the catalytic oxidation reactions, the comparatively low cost of competing conventional combustion burners, and the then lenient legislation on NO_x, CO and unburnt hydrocarbon emissions. But as the decades passed, the stability and costs of the materials for catalytic combustion improved enormously, often benefiting from the knowledge gained from the related technology of the catalytic oxidation for motor vehicle exhausts converters, as well as improvements in catalyst manufacture processes. With growing concerns over both urban and indoor air quality, increases in population in many parts of the world and fast growing economies resulting in increased demands in heat and power from the industry, commercial and domestic sectors, the more mature catalytic combustion becomes attractive to the environmentally conscious countries and legislators. In addition, the combustion and thermal efficiencies of the fuel-lean catalytic burners are larger than those of conventional combustion, offering a low-carbon energy technology in addition to its zero emission claims, potentially helping countries fulfilling their wish to reduce carbon emissions. To date, commercial catalytic burners or combustors can be found in space heaters, process heaters, gas turbines, cookers, and water heaters, and many handheld small-scale heating devices such as cordless hair dryers, or hand warmers. Most large natural gas distributor companies as well as gas turbine manufacturers have a significant programme of research into catalytic combustion. Catalytic burners are also able to burn most hydrocarbon gaseous fuels, with little sensitivity to their sulphur content as long as the combustion temperature is above approximately 800℃ where the sulphur oxides no longer bind to the surface and cannot poison it. This book presents the results of fundamental research carried out by the authors in the department of Fuel and Energy at Leeds University, UK, and continued later on with a practical applications approach in the Thermal Fluids Division of the Beijing University of Civil Engineering and Architecture (BUCEA). This is reflected in the early chapters authored by the Leeds team, which relied heavily on Dr S. -H. Zhang's PhD thesis work on honeycomb platinum and palladium coated monolithic catalytic burners, and the later chapters authored by the BUCEA team, when Dr Zhang returned upon completion of her thesis and set out to incorporate catalytic burners in domestic water heaters and investigate their thermal efficiency, zero pollutant claims, and perhaps most importantly their stability and longevity, without which its commercialisation could not be envisaged. It is a considerable feat of dynamism that Dr Zhang has been able to communicate her knowledge, enthusiasm and faith for this technology to the remaining authors of the BSCA team, resulting over the years, in the long term demonstration of several catalytic burners in a domestic boiler setting, certified with zero pollutant emissions. We are proud of having contributed to the foundations of this feat and by the publication of this book, we would hope to increase the number of converts to the clean technology of catalytic combustion.

Dr. Valerie Dupont
(PhD Leeds University,
INSA Lyon Energy Engineering,
member of The Combustion Institute, member of the American Chemical Society)

Professor Alan Williams
(Commander of the British Empire-CBE,
Fellow of the Royal Academy of Engineering-FREng,
BSc, PhD (Leeds), CEng, CChem, FRSC, FEI, FIGEM, FRSA)

序　言

这本书深入探究了天然气催化燃烧近零排放技术在家用锅炉中应用的前景，我们很高兴为此书撰写序言。1818 年，汉佛瑞·戴维斯爵士（Sir Humphrey Davies）观察到催化燃烧现象，他发现在没有火焰的情况下，煤气与氧气依然可以在铂丝上保持燃烧状态，并通过铂丝进行热辐射作用。催化燃烧有很多的优点：首先气态燃料可以完全燃烧，因此不会产生一氧化碳，也不会有燃料剩余未进行燃烧；其次在空气过量的情况下，燃料可以无焰燃烧；并且催化燃烧时的温度低于氮氧化物形成时的温度，因此燃料燃烧后不会有氮氧化物形成。自 20 世纪 70 年代开始，催化燃烧的优势在随着燃烧应用的开发也逐步被人们所发现。由于催化燃烧需要贵金属作为催化剂具有高成本、有效期有限等特点，而与之相较传统燃烧炉的花费低廉，以及人们开始意识到对于 NO_x、CO 和未完全燃烧碳氢化合物排放的立法规定过于宽松等原因，催化燃烧技术才开始慢慢地趋向于商业化。但是经过几十年的发展，人们对于汽车尾气转换器相关技术已经有了更进一步的认识，并且催化剂的制造工艺也有所改良，因此，催化燃烧材料的稳定性与成本得到了很大的改善与控制。世界各地人口激增以及经济的迅速增长导致了工业、商业以及企业对于热能与电力的需求急剧上升，但是，随着人们对于城市与室内空气质量关注的增多，催化燃烧技术广泛地受到具有环保意识的国家以及立法人员的关注。另外，催化燃烧炉的燃烧效率与热效率比普通燃炉要高效很多，它不仅能够到达零污染物排放，还为我们提供了一项能源低碳应用技术，可以为国家减少碳排量。迄今为止，空间加热器、过程加热器、燃气涡轮、炉灶以及热水器已经开始应用催化燃烧炉、燃烧室，而一些小型便携的加热设备，如：电池式头发烘干器、暖手器等，也逐渐开始使用催化燃烧技术。很多天然气输配公司和燃气涡轮制造商在催化燃烧领域有很多重要的研究计划。催化燃烧炉可以燃烧大部分气态碳氢化合物燃料，但是对于燃气的含硫量有些敏感，不过只要能够保证燃烧温度大于 800℃左右就可以防止硫对催化燃烧炉的影响，因为当达到这个温度时硫氧化物不会滞留在催化剂表面使其污染。这本书前部分的基础研究结果是由英国利兹大学燃料与能源系的作者们所发表的，而之后的实践应用方法是在北京建筑大学（BUCEA）热工流体组继续进行的。在前部分由利兹大学团队撰写的章节中，很大一部分成果都是基于张世红博士对于镀铂和钯蜂窝状催化燃烧炉研究的博士论文中的工作。之后由北京建筑大学（BUCEA）团队撰写的章节中，张世红博士完成了论文并开始对催化燃烧器在家用热水器中的应用进行研究，探究它们的热效率与零污染排放的事实，更重要的是，张博士对于催化燃烧器的稳定性以及使用寿命也进行了研究。催化燃烧炉在商业方面的应用，很多原因都是基于这些研究成果。张世红博士将她所得的学识、热情以及对于这项技术的信心与其他 BSCA 团队的作者们分享。日积月累，通过长期反复研究催化燃烧炉在家用锅炉装置中的应用说明，催化燃烧炉确实可以达到零污染物排放。我们为能够对催化燃烧的研究以及此书的出版有所贡献而感到十分荣幸，我们也希望催化燃烧的清洁技术在未来可以加强改进。

瓦勒里·杜邦博士（Dr. Valerie Dupont）

艾伦·威廉教授（Professor Alan Williams）

（英国皇家长官（CBE），英国皇家工程院院士）

前　　言

催化燃烧是一种新技术，具有高效节能、排放物近零污染的特点，与传统能源相比，具有很强的环保优势；与其他新能源相比，经济性优势很明显。

理论研究，首次从实验和模拟的角度提出了燃料转化率和一氧化碳选择性与铂表面温度（一直到超过了单相点燃温度区）的关系。根据分步化学机理方法模拟出的结果可以得出，铂表面的异相反应抑制了气相氧化反应的程度，并且提高了单相点燃的表面温度。实验观察到的抑制作用比预料的要强烈，实验表明在催化燃烧的高温区，抑制作用在这一较大区域里一直起主导作用。即异相反应推迟单相点燃的机理，在催化燃烧炉中当温度达到 1200℃左右还是异相催化燃烧，排放物中只含有极少量的一氧化碳、氮氧化物和一些不完全燃烧的碳氢化合物。

通过对催化燃烧现有研究成果的分析，对催化燃烧Ⅴ型冷凝锅炉分别装有催化独石和空白独石燃烧产生的烟气分布进行了对比分析，并测试了燃气热水器及燃气灶的一些烟气分布情况，来说明催化燃烧Ⅴ型冷凝锅炉的优劣；催化燃烧Ⅵ型炉的通道内烟气中 CO、NO_x、C_nH_m的含量是极其微小的，说明催化燃烧过程能达到近零污染排放。同时也对催化燃烧Ⅶ型炉的烟气进行了测试，为大型催化燃烧装置的优化及催化燃烧的应用普及提供实验数据。

但是气相燃烧过程中产生了大量的 CO 和未参加反应的 C_nH_m，说明燃料燃烧得不够充分，没有完全氧化。可以看出热水器在三种气相燃烧情况下存在着不同程度的燃料浪费，通过数据的比较也说明催化燃烧在节能方面具有优势，也证明了异相催化燃烧的燃料转化率要高于气相燃烧。

另外还研究了富天然气/空气混合物在催化燃烧炉启动过程中镀贵金属蜂窝独石通道内燃烧的烟气温度和烟气成分的变化规律。通过以上的实验结果发现，通道内烟气温度随着反应启动时间变化是逐渐上升的，第 13min 后，当达到稳定的催化燃烧状态时，烟气温度基本保持不变。在启动过程中，反应达到稳定的催化燃烧状态之前，产生了大量的 CO；当进入稳定的状态之后，烟气中 CO 的含量接近于零。

在此理论的指导下，以催化燃烧机理和应用研究为课题，对近零污染物排放、催化剂中毒特性和贫天然气/空气混合比如何调节等问题进行了深入的工业产品和产业化研究，开发研制了催化燃烧设备。

天然气催化燃烧高温辐射加热技术具有效率高、运行成本低和污染少等优点，同时还具有潜在的应用价值，受到广泛关注。利用催化燃烧炉不但能减少企业生产成本，而且还能有效控制环境污染。随着人们对环保意识的不断提升，这种无污染的燃烧方式会有更广泛的发展空间。

本书第 1～2 章是由张世红和 Dupont Valerie、Williams Alan 撰写，第 3、4、5 章是由张世红撰写，且“天然气催化燃烧”图标的版权归其所有。

衷心地感谢岳光溪院士、陈香美院士，王建中教授、李德英教授、王立教授、杨平教授、吴德绳教授、陈静勇教授、邹积亭教授、孙景仙教授、李俊奇教授、李锐教授、李海燕教授，陈泉、范博声、张雪光、刘富良、毛京崑、白莽、高岩、贝裕文、陈红兵、彭忠义、王新峰、冯萃敏、张群力、黄琇、张锁梅、郭全、毛亚林、汤秋红、孙海忱、王鸿川、史学能、郭宏伟、范维林、李继鸿、陈培荣、周都、沈玉才、李煜华、孙金栋、刘庆更、冯圣红、史永征、胡文举、王刚和姬艳华等老师对此工作给予的支持和帮助。

对王祺、张杰，李宁、耿博潇、王智华、师兴兴、颜龙飞、祝立强、房凯、贾方晶、刘征、肖敏、李娟、黄丝雨、彭笑、任碧莹、王雪琰、武艳秋、于智超、何繁、于哲、任天奇、李然、孙明远、张瑞等同学参加了催化燃烧炉实验研究工作表示诚挚的谢意。

由于作者水平有限，恳请批评指正。

基金项目：

The Overseas Research Students Awards (joint funding The University of Leeds and the UK's Engineering and Physical Sciences Research Council)。

供热、供燃气、通风与空调工程北京市重点实验室基金资助课题。

目　录

符　号

$\boldsymbol{\alpha}$	燃料混合物的强度，$\dfrac{\dot{V}_{CH_4}}{(\dot{V}_{CH_4}+\dot{V}_{O_2})}$
$\boldsymbol{\rho}$	燃气密度，$kg \cdot m^{-3}$
$\boldsymbol{\rho}_0$	喷射器出口燃气密度（x=0cm），$kg \cdot m^{-3}$
$\dot{\omega}_k$	组分 k 的摩尔生成率，$mol \cdot cm^{-3} \cdot s^{-1}$
CV_{CH_4}	燃料的转化率
DET	分步化学反应机理
DET*	优化 1 分步化学反应机理
DET_{HET}	分步异相化学反应机理
DET_{HOM}	分步单相化学反应机理
$DET_{HET+HOM}$	施加测量的气体温度的分步异相/单相耦合化学反应机理
$DET_{HET+HOM, ENRG}$	利用数值法解能量方程的分步异相/单相耦合化学反应机理
F	燃烧表面对周围介质的角系数，本次实验为 0.8
F_k	铂箔表面组分 k 的质量通量，$kg \cdot cm^{-2} \cdot s^{-1}$
GL	综合化学反应机理
GL_{HET}	综合异相化学反应机理
GL_{HET}^{*}	优化 1 综合异相化学反应机理
GL_{HET}^{**}	优化 2 综合异相化学反应机理
SEL_k	生成物组分 k 的选择性
SPFR	滞止点流动反应器
T	温度，℃或 K
U_0	喷射器出口轴向速度（x=0cm），$m \cdot s^{-1}$
W_k	k 组分的摩尔质量
X_{N_2}	反应混合物中氮气的摩尔分数（$\dot{V}_{N_2}+0.79\dot{V}_{air}$）/$+\dot{V}_{tot}$
$Y_{CH_4,0}$	喷射器出口燃料质量分数（x=0cm）

第1章　绪　　论

在我国的能源结构中，传统化石能源所占比例很大，消费总量不断增长，但利用效率很低，排放带来的环境污染问题十分严重。与之互补的优质能源和清洁能源供应不足，开发利用效率很低，现阶段尚不能满足经济发展的需要。因此，在未来的一段时间内，传统化石能源仍然是国内能源消耗的主要类型。

雾霾现象作为一种灾害性的天气预警预报，会对人的身体、心理健康造成危害。雾霾天气的主要成分是细微颗粒物，人为污染排放的浮尘（PM2.5、PM10等）、氮氧化合物、碳氢化合物、二氧化硫、有机氧化物、臭氧等是雾霾天气的元凶。细微颗粒物能直接进入人体呼吸道和肺叶，长期沉积会引起各种病症甚至还会诱发肺癌。此外，有研究表明，阴霾中的污染物还会造成心肌梗死、心肌缺血或损伤。除了对人类身体健康造成影响之外，雾霾天气也会对人的心理健康带来危害，例如容易使人精神抑郁、产生悲观情绪，遇事甚至容易失控（So King Lung，2006；Joshua W. D，2001）。

雾霾天气也会间接影响农作物的生长，造成农作物减产。主要表现为，雾霾会影响太阳辐射，导致光热资源供应不足。农作物吸收不到足够的太阳光，就导致植物光合作用的效能难以发挥，从而减少了光合产物，因而就不能充分满足农作物生长所需要的能量和养分，进而影响其生长发育，随后直接影响农作物的质量和产量。

1.1　天然气催化燃烧的研究现状

目前国际上已经公认气候变化是影响全球可持续发展的主要因素，而二氧化碳也被认为是引起全球气候变化的六种温室气体中最重要的一种。因此，怎样降低二氧化碳排放，缓解环境变化所造成的危机成为全球关注的焦点。在温室气体减排方面，尽管有很多措施，包括技术措施、管理措施和法制措施等等，但是碳税却是学术界和国际组织极力推荐的一种减排措施，这是因为二氧化碳在所有含碳化合物中其参与温室气体效应所占的比例最高，大概在60%，截至目前，已有十几个国家或地区（或组织，主要是欧盟）引入碳税。

发展低碳经济是解决未来气候和环境问题的最有效手段，低碳经济是一种清洁高效的绿色发展模式，是未来世界经济发展的主要趋势。

但是到目前为止，我国还是一个倚重化石能源的国家，化石能源的燃烧以及在运输过程中的泄露造成了温室气体的产生，节能减排势在必行。而天然气作为一种清洁高效的低碳能源，近年来在国内发展迅速，与煤炭、石油等能源相比，不仅在燃烧过程中所产生的CO_2为煤的40%，而且比其他能源产生的SO_2要少得多。因此，天然气能源的推广也是节能减排的措施之一，有利于减缓温室效应。目前，天然气主要应用于发电、供热锅炉、工业锅炉以及民用燃气灶具等。主要以普通气相燃烧为主，仍有一定的弊端，尽管和煤、石油相比其污染大幅度减小，但是相对而言，其在燃烧方式上仍存在着污染排放。例如，经常会在厨房做饭时感到不适，也经常会听到有人在用燃气热水器洗澡时一氧化碳中毒晕倒或死亡。可见，污染排放确实存在。因此要真正做到减少污染，光靠改变能源不行，还得靠能源燃烧的新技术，例如天然气的催化燃烧方式。

天然气催化燃烧技术与普通火焰燃烧技术相比具有两大优势：第一，催化燃烧效率极高，在贫燃料燃烧条件下是完全异相氧化，其燃烧效率接近100%；第二，催化燃烧在铂表面的异相反应抑制了气相氧化反应程度，同时抑制氮氧化物，一氧化碳的产生，实现近零污染的排放，属于真正意义上的低碳排放。

催化燃烧反应较低的活化能容许反应在贫碳氢化合物浓度下发生，因此绝热反应的温度低于NO_x形成的限制，并完全氧化，不形成CO和未完全燃烧的碳氢化合物，燃烧发生在常规气相易燃极限之外，因此燃烧更加稳定。根据分步化学机理方法模拟出的结果可以得出，铂表面的异相反应抑制了气相氧化反应的程度，并且提高了单相点燃的表面温度。在此理论的指导下，进行了多种天然气催化燃烧装置的设计和研究，催化燃烧过程可达到近零污染排放。

进入20世纪90年代，随着化工行业的发展，新型催化剂的出现为催化燃烧的研究开辟了新的途径。催化燃烧技术的研究主要集中在催化剂的特性（稳定性、影响其性的因素以及中毒机理等）和制备工艺、催化燃烧技术的应用研究、催化燃烧控制技术以及催化燃烧数值模拟技术等（Moallemi 等，1999）。直到今天，催化燃烧的主要研究仍集中在催化剂及制备工艺和催化装置及控制技术两方面。

目前影响催化燃烧使用的问题主要在催化剂的价格和老化上，但随着对燃烧产物排放浓度控制的一系列严格法规的陆续出台，研究者正在积极致力于更加便宜、再生性能好、耐久性好的新型催化材料的研究。

1.2 催化剂的特性

在催化剂表面上的气体反应物比无催化剂的相同反应的反应速率快，综合的催化反应的热力学与无催化反应相同。

广泛的采用异相催化反应，它加快了化学反应速率。因为催化剂的作用是提供了具有较低的活化能和可供选择的反应路径。首先反应物在催化剂表面被吸附；然后它们在催化剂表面进行分解；进而在催化剂表面复合成产物；最后产物从表面脱附。

异相与单相过程中反应路径的能量变化如图 1-1 所示。图中，反应物的能量高于产物的能量，表明进行的是放热反应过程。从图中可见，异相反应的活化能要低于单相反应的活化能，并且异相反应的反应步骤要更多一些。

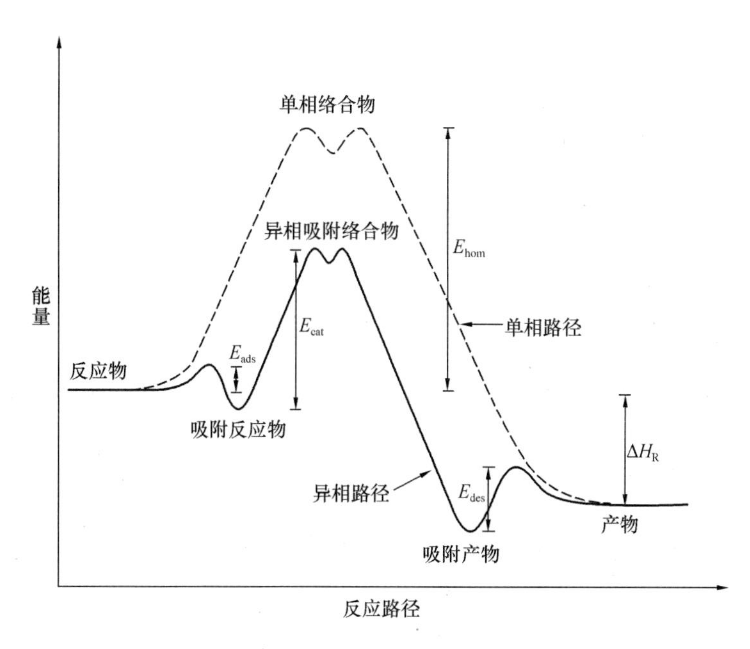

图 1-1　异相与单相反应过程中从反应物到产物能量的变化

（Hayes，Kolaczkowski，1997）

首先，反应物必须吸附到催化剂的表面（吸附过程），反应物需要克服吸附的活化能 E_{ads}。反应物的吸附是放热反应，吸附后的反应物能量降低，反应物形成了一种吸附的络合物，络合物是一种中间体再反应生成吸附的产物，吸附的产物需要再克服脱附反应的活化能 E_{des}，最后放出产物（脱附过程）。每一种不同的反应物和产物都有不同的起始能量和吸附及脱附的活化能。反应的吸附特性与催化剂有关。

从图 1-2 可以看出在低温下，反应速率取决于催化剂的活性。在质量传输作用的限制下，随着催化剂温度的增加反应速率增加。随着温度的进一步增加，催化气相稳定燃烧开始。在图中最后的一个阶段试图说明什么可能发生。对于反应

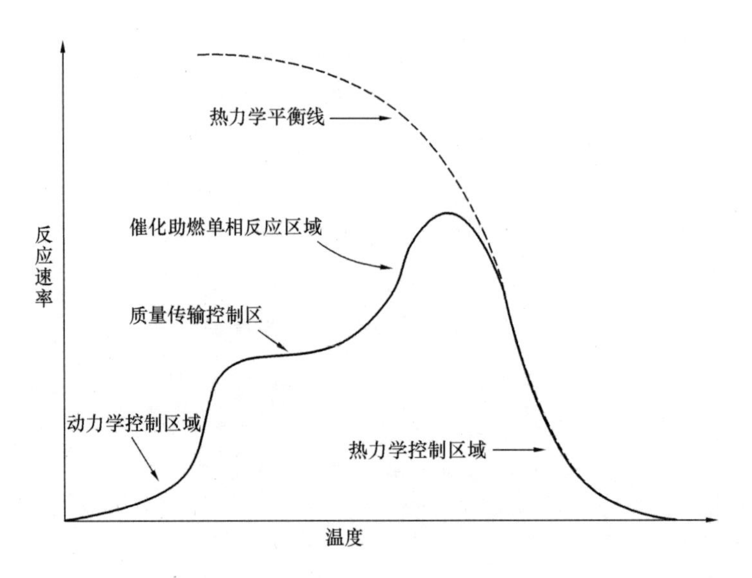

图 1-2　温度与转化率之间的关系及热力学平衡曲线

物甲烷将不会发生反应，但是对于 SO_2 可能会。在开始部分，热力学并不能用来计算反应速率，但是有一个除外，那就是生成物的热力学不稳定性限制了转换率。虚线代表了热力学的平衡转换。在这种情况下热力学通过入口流速可用于计算反应速率。

热力学第一定律实质就是热力过程中的能量守恒和转换定律，即能量既不能被创造，也不能被消灭，它只能从一种形式转换成另一种形式，或从一个系统转移到另一个系统，而其总量保持恒定。它建立了热力过程中的能量平衡关系，是热力学宏观分析方法的主要依据之一。

热力学第一定律可表述为：在热能与其他形式能的互相转换过程中，能量的总量始终不变。根据热力学第一定律，要想得到机械能就必须花费热能或其他能量。

热力学第一定律适用于一切热力系统和热力过程，不论是开口系统还是闭口系统，热力学第一定律均可表达为：

进入系统的能量－离开系统的能量 ＝ 系统储存能量的变化

因此，要求根据需要解决的问题，恰当地选取热力系统；仔细分析系统内部与外界传递的能量；建立能量方程，借助于工质的热力性质数据、公式及图表，求解能量方程。

人们从无数实践中总结出了热力学第二定律，该定律揭示了能量在转换与传递过程中具有方向性及能量不守恒的客观规律。热力学第二定律告诫我们，自然界的物质和能量只能沿着一个方向转换，即从可利用到不可利用，从有效到无效，这说明了节能与节物的必要性。只有热力学第二定律才能充分解释事物变化的性质和方向，以及变化过程中所有事物的相互关系。热力学第二定律除了广泛应用于分析热力过程和能源工程外，还被应用于分析社会、经济发展及生物进化等许多领域，可以预料该定律还将得到更广泛的应用。

所有热力过程都必须同时遵守热力学第一定律和热力学第二定律。

参考文献

［1］ Hayes R E，Kolaczkowski S. T. Introduction to Catalytic Combustion. Gordon and Breach Science Publishers，1997.

［2］ Joshua W. D. Clarifying Smog：Expert Knowledge，Health and the Politics of Air Pollution. University of California. USA. PhD Thesis，2001.

［3］ Lung So King. STUDY OF PHOTOCHEMICAL OZONE POLLUTION IN HONG KONG. The Hong Kong Polytechnic University. PhD Thesis，2006.

［4］ Moallemi F，Batley G，Dupont V，Foster T J，Pourkashanian M，Williams A. Chemical modeling and measurements of the catalytic combustion of CH_4/air mixtures on platinum and palladium catalysts. Catalysis Today，1999，47：235-244.

第2章　天然气催化燃烧机理

在一个置于大气压下，稳态的滞止点流动反应器内的多晶铂箔上，对贫甲烷/氧气/氮气混合气体的燃烧进行了实验研究，同时用数值模拟方法重现了实验结果。甲烷转化率和一氧化碳选择性对铂表面温度的依赖是比较数值模拟与实验的基础。模拟运用了针对异相和单相氧化机理的综合和分步化学反应分子运动论。根据分步化学机理方法模拟出的结果可以得出，铂表面的异相反应抑制了气相氧化反应的程度，并且提高了单相点燃的表面温度。

研究表明只有当催化表面温度显著高于普通自点燃温度时，气相燃料和空气混合物才会被点燃。既然催化反应延伸到了清洁和稳定氧化条件持续的范围，催化反应抑制了气相燃烧是合适的。

2.1　总体思路

理论研究，在一个置于大气压下，稳态的滞止点流动反应器（SPFR）内的多晶铂箔上，对贫甲烷/氧气/氮气混合气体的燃烧进行了实验研究，同时用数值模拟方法重现了实验结果。甲烷转化率和一氧化碳选择性对铂表面温度的依赖是比较数值模拟与实验的基础。模拟运用了针对异相和单相氧化机理的综合和分步化学反应分子运动论。

2.2　甲烷在铂表面上进行氧化反应的实验

在实验中使用SPFR的示意图见图2-1。对铝支架连续供电，并通过用水冷却的铝支架对正方形铂箔（厚度为7.5μm，边长为13mm，纯度为99.95%）电阻加热。在铂箔的背面点焊两根铂导线（直径为50μm），用来测量两个导线接触点之间的电阻值，然后利用铂电阻温度测量法将电阻值转化为催化剂表面的温度值T_s。利用红外高温测量发现这一转化在表面温度超过1073K时是有效的，对于最高温度，这种转化方法的测量精确度只损失20K。为了防止除了直接暴露于反应物的铂箔表面（下表面）以外的其他反应，将铂箔上表面完全覆盖上2mm厚的惰性陶瓷材料。并用10mm宽、10mm厚的陶瓷框架包裹在正方形铂片周

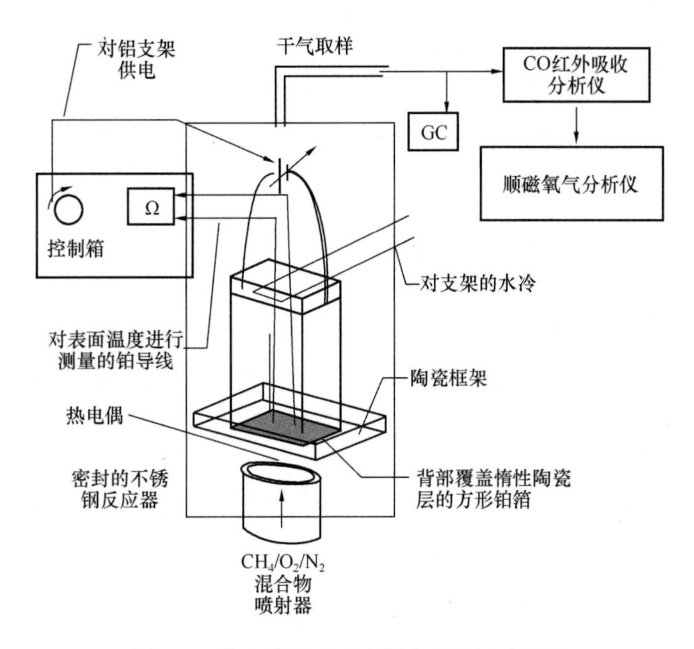

图 2-1　滞止点流动反应器实验装置示意图

围。这样达到了两个目的：使滞止点流动速度场扩展，使它超出铂箔的表面；并且将气流同处于铂箔下游的铂导线相分离。反应混合物喷射器含有沿长度方向留下空间距离为 1cm 的不锈钢滤网。为确保喷射器出口的速度均匀分布，在距离喷射器出口 2mm 处设置精细的不锈钢滤网。同时，为了使铂箔表面的面积与喷射器出口的面积接近一致，采用内径为 15.5mm 的喷射器出口。

所有实验中，保证低温气体反应物的入口速度为 8cm/s，并且保证喷射器到铂箔表面的距离为 10mm。使整个反应器在大气压下工作，并且使混合反应物在室温下被射入。操作中有时用到硅镀铂铑/13％热电偶（直径 50μm 的金属丝），它被放在距离铂箔表面不同位置的表面对称轴线上。通过比较放置和不放置热电偶两种情况的甲烷转化率曲线，表明热电偶的参与不会影响甲烷的转化。由于热电偶热接点对表面的热辐射和表面对热接点的热辐射影响，所以热电偶的温度需要校正。甲烷、氧气和氮气的流量分别由质量流量控制器控制。电阻加热铂箔表面的预热作用增加了喷射器出口的速度。通过计算实际喷射器的进口速度（使用理想气体定律的校正参数来实现，这会在后面说明），出口速度的增加将在后面的模拟部分中考虑到。反应器罩上的线性采样仪器是由一个石英探头（标识：5mm）和紧接着的聚四氟乙烯管组成的。石英探头用来采集通常的反应器废气样本。先用冰浴将采样中的蒸汽凝结，然后再利用顺磁分析仪分析氧气，并通过红外吸收技术分析一氧化碳。在得出燃料转化率和一氧化碳的选择性这两个结果的处理过程中，对于水蒸气含量的仪器读数进行了修正。利用 FID-GC 不定时地对双碳 C-2 组分迹线进行间接分析，考虑到一氧化碳和二氧化碳是唯一含有碳元素的燃烧产物，得到的浓度表明实验的碳守恒误差可以精确到 0.5%以内。这样，通过得到产物一氧化碳的选择性，根据 100%的差值，可以获得相应的二氧化碳的选择性。

在每次进行实验之前，对铂表面进行消除放射性污染处理（Fernandes 等，1999），即将铂箔上的实验混合物置于 6.77W/cm^{2}的恒定功率下 10min，使铂表面的温度接近 1420K。但是，对重复实验中显示催化剂的使用历史对一些实验结果有影响。铂箔的使用历史就是铂箔与反应混合物一起发生的热循环次数。在组成热循环的第一个部分中，每次对铂箔增加的电功率正好使表面温度升高不多于 50K，直到达到反应器加热技术要求的条件中给出的最大温度（通常在 1650～1800K 之间，具体与铂箔的寿命有关）。这就会使燃烧状态超过单相点燃状态，这是以一氧化碳的初始形成和被测气体温度分布曲线形状的改变为标志的。热循环的第二部分是逐渐降低铂箔的供电功率，直到产物中的一氧化碳还原到零（燃料转化率是非零），这是以回复到催化燃烧状态为标志的。如果在极度贫燃料的情况下，降低电功率也不能使处在催化燃烧状态下的燃料转化率恢复到以前的状态，而是直接导致燃烧熄灭。使用“循环（cycle）i”这一术语来描述每一次实验中铂箔的状态：i 表示在记录实验之前，铂箔上完成的热循环次数。在研究中，有三个参数变化，他们对燃料转化率和一氧化碳选择性的影响是不同的，为了探究他们对燃料转化率和一氧化碳选择性的影响，现将这三个参数列出：

（i）铂箔的老化，增加热循环次数 i；

（ii）燃料混合物的强度，不同的参数 $\alpha=\dfrac{\dot{V}_{CH_4}}{\dot{V}_{CH_4}+\dot{V}_{O_2}}$，对应不同的燃料强度。其中 $\dot{V}_k$ 是相关组分 k 的输入体积流量和；

（iii）反应混合物中氮气的摩尔分数，X_{N_2}。

2.3 甲烷在铂表面上进行氧化反应的数值模拟

滞止点流动方案来源于 SPIN 程序，这一程序以（Evans 和 Greif，1988）提出的初始公式为基础，并由（Coltrin，Kee，Evans，1989 和 Coltrin 等，1991）发展壮大。此方案是利用混合牛顿迭代算法（Grcar，Kee，Smooke 和 Miller，1986）解决反应器对称轴上组分、动量及能量守恒方程的差分近似法。除了径向速度以外（径向速度对半径的比率不依赖于半径），假设所有的流动参数和化学参数都是径向不变的，这样这些参数仅是从喷射器轴向距离的函数。这样的一维假设可以利用分步化学近似使问题得到相对快速的解决。要解决的问题包括处于喷射器与铂箔之间沿对称轴方向上的温度分布、轴向速度、径向速度对半径的比率、密度和组分浓度。也需计算出表面组分通量和由吸附性组分占据的活性点部分。

图 2-2 所示是数值模拟的 SPFR 截面图，是对一个特例进行的模拟（入口温度 $T_i = 459$ K，$T_S = 1502$ K，$\alpha=0.3$，$X_{N_2}=0.8739$），经计算轴向和径向速度后得到预测的速度矢量场。

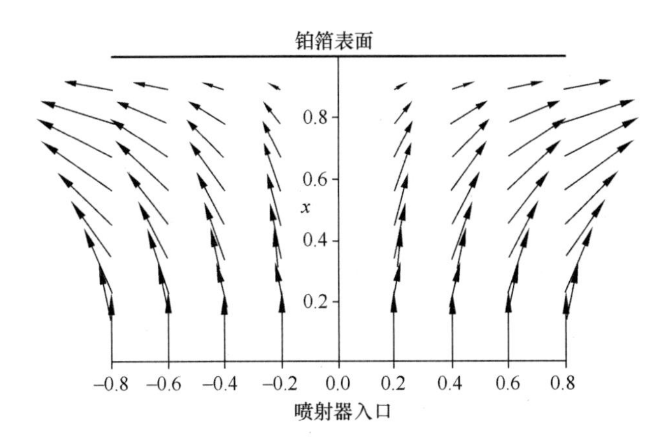

图 2-2　$T_i=459$K，$T_S=1502$K，$\alpha=0.3$，$X_{N_2}=0.8739$，入口速度 $U_{in}=8\text{cm}\cdot\text{s}^{-1}$（459K/298K）$=12.3\text{cm}\cdot\text{s}^{-1}$时模拟预测的流场

在（Kee，Dixon-lewis，Warnatz，Coltrin 和 Miller，1986）程序中考虑了气相多组分分子运输特性和热扩散特性。运用综合化学反应网格被精简为 87 个节点，运用分步化学反应网格被简化为 125 个。网格节点的空间密度是由梯度和曲率浓度分布曲线等级决定的。由于不灵活的方程和严格的边界条件所引起的收敛困难，曾经也有一些在最高的温度范围（>1640K）和较低氮气含量下运用综合化学反应理论，获得较少的网格节点的例子。过去也验证了，在这些例子中，对精确计算燃料转化率，反应区中差分网格节点的密度是足够的。

甲烷转化率和生成物选择性的计算基于（Takeno 和 Nishioka，1993）提出的方法。这种方法过去用于逆向流中，在这里被改进成适应有水平滞止反应平面的滞止点流动反应器的流动结构。

导出的燃料转化率 CV_{CH_4} 和生成物组分 k 的选择性 SEL_k 的百分比方程如下所示（以摩尔为基准）：

$$CV_{CH_4}=\frac{(\text{表面}+\text{燃气})\text{的燃料质量消耗}}{\text{燃料的输入质量}}$$

$$=-100\times\frac{F_{CH_4}C_S+\int_O^L W_{CH_4}\dot{\omega}_{CH_4}C\mathrm{d}x}{\rho_o Y_{CH_4,o}U_o} \tag{2-1}$$

$$SEL_k=\frac{(\text{表面}+\text{燃气})\text{生成物组分}k\text{的摩尔数}}{(\text{表面}+\text{燃气})\text{燃料消耗的摩尔数}}$$

$$=-100\times\frac{(F_k/W_k)C_S+\int_O^L\dot{\omega}_k C\mathrm{d}x}{[(F_{CH_4}/W_{CH_4})C_S]+\int_O^L\dot{\omega}_{CH_4}C\mathrm{d}x} \tag{2-2}$$

其中，W_k 是 k 组分的摩尔质量，$\dot{\omega}_k$（单位 $mol/cm^3\cdot s$）是组分 k 的摩尔生成率，F_k（单位 $g/cm^2\cdot s$）是铂箔表面组分 k 的质量通量，下标 0 表示“喷射器出口”（$x=0cm$）。ρ_o，$Y_{CH_4,o}$和 U_o 分别表示喷射器出口的燃气密度、燃料质量分数和轴向速度，这三个量的乘积就是反应器中燃料的质量通量。

在式（2-1）和式（2-2）中，系数 $C=[1+Kx(T_S/T_i)]^2$ 是校正因子，它是用来校正控制容积（用于计算燃料转化率和生成物选择性的组分平衡方程）的半径扩散的。在理想模型中，起初，控制容积是半径为 r 的柱形体。经过校正后，控制容积变为锥形体。是从（喷射器定位）为基础的任意半径 r 增加到铂箔表面半径为 $r_S^*=r[1+KL(T_S/T_i)]$ 的锥形体。C_S 对应的是 $x=L=1cm$ 处，即铂箔表面系数 C 的值。校正是必要的，因为对喷射器和铂箔来说，模型的无限半径的理想几何形状利用实验设备是不能达到的。这是普遍的问题，如同由（Kee，Miller，Evans 和 Dixon-Lewis，1988）在逆向流燃烧器中所认识到的一样。对燃烧器的数值模型假设了均匀的入口轴向速度。在对模拟和实际测量的速度分布比较中，将两者之间的差异归因于喷嘴出口附近的半径扩散。然而，由于没有模拟扩散的措施，所以他们后来选择了忽略这一影响。当前的研究为了仿真这一半径扩张（与理想气体定律提出的成比例）假设半径扩张与距喷射器出口的距离 x（从喷射器出口）和铂箔温度与喷射器温度比（T_S 和 T_i）成比例。随机选择比例常数 K，使某一个预测的燃料转化率与相应的实验值相匹配。在单相点燃之前选择最后一测点，这在后面的例子中有所解释。

对式（2-1）和式（2-2）的积分应用三次样条内插法，参数 $\dot{\omega}_k$ 计算达到了 20000 点。每一次计算，碳平衡的相对误差总是在 0.2%以内。对于每一次模拟，T_i、T_S 和由于预热校正后的入口速度（采用理想气体定律 $U_{in}=8cm\cdot s^{-1}\times(T_i/298)$）都是必要的输入边界条件。

当运行程序求解能量守恒方程时，作为解的一部分，计算喷射器和铂箔之间燃气的温度分布。通过输入实测的燃气温度分布也可以运行数值代码，但是在这种情况下，不再求解能量守恒方程。以上两者方法在这里都被使用到了，他们各自应用情况将在后面具体阐述。

计算的化学理论基础之一是 Deutschmann（1996）提出的分步异相氧化机理结合气相甲烷燃烧机理。分步异相氧化机理是基于 Hickman 和 Schmidt（1993）早期工作的基础上提出的，而后又被 Raja，Kee 和 Petzold（1998）加以应用。气相甲烷燃烧机理即“GRI-Mech 3.0”（Smith 等，1999），在对应的图表中，这一理论用“DET”标明。

另一套用于模拟的理论是综合化学反应动力学。早先由 Song，Williams，Schmidt 和 Aris（1991）实验完成。他们采用了一个异相甲烷氧化反应（速率不变，Trimm 和 Lam，1980）和一个气相燃烧反应（Coffee，1985）。它在图表中用“GL”标明。

为了同惰性表面的预测量相比较，在没有异相化学理论的情况下，也进行了模拟运算，提供名为 DET_H 和 GL_H 的机理。表 2-1 概述了每一种机理的主要信息。

化学反应运动学机理概述　　　　**表 2-1**

机理名称	组分，反应速率	参考文献
GL	CH_4，O_2，CO_2，H_2O，N_2	Song 等（1991）
单相气相机理（或 GL_H）$CH_4+2O_2\rightarrow CO_2+2H_2O$（速率单位：kJ，mol，cn，s.）	$w_{HOM}=-2.5\times10^{12}\exp\left(-\frac{202.3}{RT_4}\right)[CH_4]^{0.2}[O_2]^{1.3}$	
异相机理 $CH_4+2O_2\rightarrow CO_2+2H_2O$ DET	$w_{HET}=-1.3\times10^{11}\exp\left(-\frac{135}{RT_s}\right)[CH_4]^{1}[O_2]^{0.5}$	
单相气相机理 GRI-Mch3（或 DET_H） 325 个可逆反应	H_2，H，O，O_2，OH，H_2O，HO_2，H_2O_2，CH_2，CH_2^*，CH_3，CH_4，CO，CO_2，HCO，CH_2O，CH_2OH，CH_3O，CH_3OH，C_2H_2，C_2H_3，C_2H_4，C_2H_5，C_2H_6，HCCO，CH_2CO，C，HCCOH，C_2H，NH_3，NNH，NO，NO_2，N_2O，HNO，CN，N，NH，NH_2，HCN，H_2CN，HCNN，HCNO，HOCN，HNCO，NCO，C_3H_7，C_3H_8，CH_2CHO，CH_3CHO，N_2 Smith 等（1999）	
异相机理 19 个不可逆反应，3 个可逆反应	H_2，O_2，H_2O，OH，CO，CO_2，CH_4，H(S)，O(S)，OH(S)，H_2O(S)，C(S)，CO(S)，CO_2(S)，Pt(S)，CH(S)，CH_2(S)，CH_3(S)	Raja 等(1998)

2.4　实验结果

图 2-3 是在 $\alpha=0.3$，$X_{N_2}=0.8739$，逐步增加热循环数量，即第一步（增加

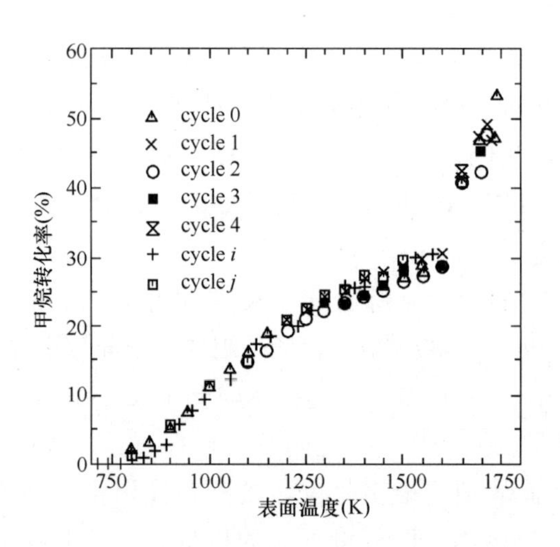

图 2-3　表面温度与甲烷转化率的函数关系
（α=0.3，X_{N_2}=0.8739，热循环逐渐增加）

通过铂箔的电量）的实验条件下，表面温度与甲烷转化率的函数关系曲线。在同一块铂箔上完成了循环 0～4 的实验。循环 i 和 j 是在另一块铂箔完成的，在这块铂箔上曾经发生过很多次不确定的热循环。j 是在铂箔破坏之前最后的循环数。尽管有着不确定的热循环次数，但从图中可以看出，对于所有的循环，曲线几乎是重叠的，这表明铂箔的老化并没有很大程度上影响甲烷的绝对转化率。

相同条件下，整个热循环的一氧化碳选择性与表面温度的关系曲线如图 2-4 所示。从图中看出，整个催化状态内的一氧化碳选择性仍接近于 0，并在单相燃

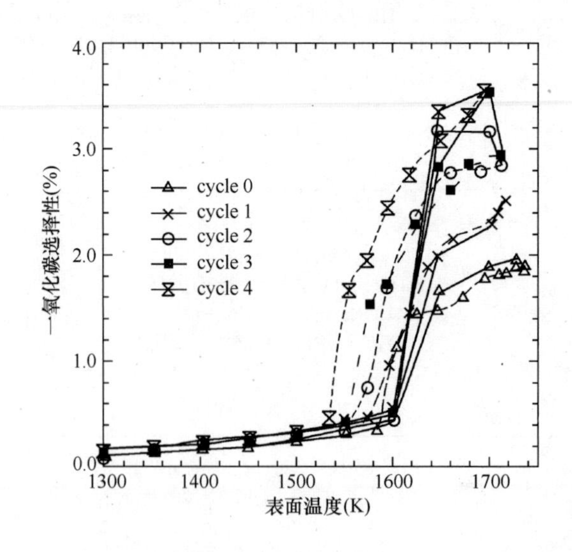

图 2-4　表面温度与一氧化碳选择性（摩尔百分数）的函数关系（条件同图 2-3）

烧开始时突然急剧上升。随着热循环数量的增加，一氧化碳选择性的最大值也增加，但仍不超过3.5%。当降低通过铂箔的电量时，发现了一条延迟曲线，这样，燃烧仍然以表面温度下的气相反应为主，这一表面温度对应于循环正向第一步的催化状态。在这一表面温度下，一氧化碳选择性回复到接近于0的状态，同时燃料的转化率也恢复到循环第一步一样的值，随着热循环数量的增加，结束延迟现象是减小的。这就意味着铂箔的老化扩大了循环反向第二步中单相燃烧的范围。

降低恒定的燃料混合物强度（$\alpha=0.3$）中的氮气含量，深入研究了延迟的特性。在热循环第一步中，逐渐降低氮气浓度，依赖于表面温度的燃料转化率见图2-5（*a*）。图2-5（*b*）是在热循环两部中，与图2-5（*a*）相同条件下的延迟区的曲线。由于这些实验是发生在多于两个循环的铂箔（区别于用于图2-3和图2-4的铂箔）上完成的，所以催化状态下最大燃料转化率有一点儿误差，其值大约是32%，而不是30%左右。造成的实验差异必须使用两个不同的K值（K是在模拟部分中校正式（2-1）和式（2-2）中C的比例因子）。图2-5（*a*）中，氮气稀释程度在$0.791\leqslant X_{N_2}\leqslant 0.874$范围内是不影响催化状态下的燃料转化率曲线的。在循环第一步中，起始单相气相燃烧的表面温度也不随氮气稀释程度的改变而变化。但是，当氮气含量降低在0.825～0.840之间时，单相状态的绝对转化率明显增大至100%的饱和状态。图2-5（*b*）表明，当减小通过铂箔的电量时，降低氮气含量扩大了保持单相燃烧反应状态所需要的表面温度范围。尽管实验没有达到自热特性，但是在$X_{N_2}=0.8246$，燃料转化率第一次达到了100%的条件下，对比循环第一步中进行单相燃烧所需要的单位表面积（cm^2）铂箔的供电功率7.70W，这一次持续的单相燃烧需要的单位表面积（cm^2）铂箔的供电功率仅不到3.57W。为了阐述清晰，也给出了对应于图2-5的循环第一步中的一氧化碳选择性，见图2-6。降低氮气含量，一氧化碳选择性也下降，当燃料转化率达到100%时，一氧化碳选择性非常低（0.6%～0.7%）。

图2-7是在另一块老化的铂箔上实验并绘制的燃料转化率曲线，是在$X_{N_2}=0.874$，贫燃气混合物的强度α在0.15～0.25之间的实验曲线。并且，图中也包括模拟的结果，这在后面会讨论到。这里没有给出对应于图2-7条件下的一氧化碳选择性曲线图。因为曾经在Dupont、Zhang和Williams（2000b）的论文中给出过。通过观察一氧化碳选择性曲线，可以看出在$\alpha\leqslant 0.25$时延迟现象消失了，并且在没有恢复到催化状态下燃烧就熄灭了。而且，当降低燃料含量时，在降低的表面温度上会发生循环第一步的起始单相气相氧化反应。

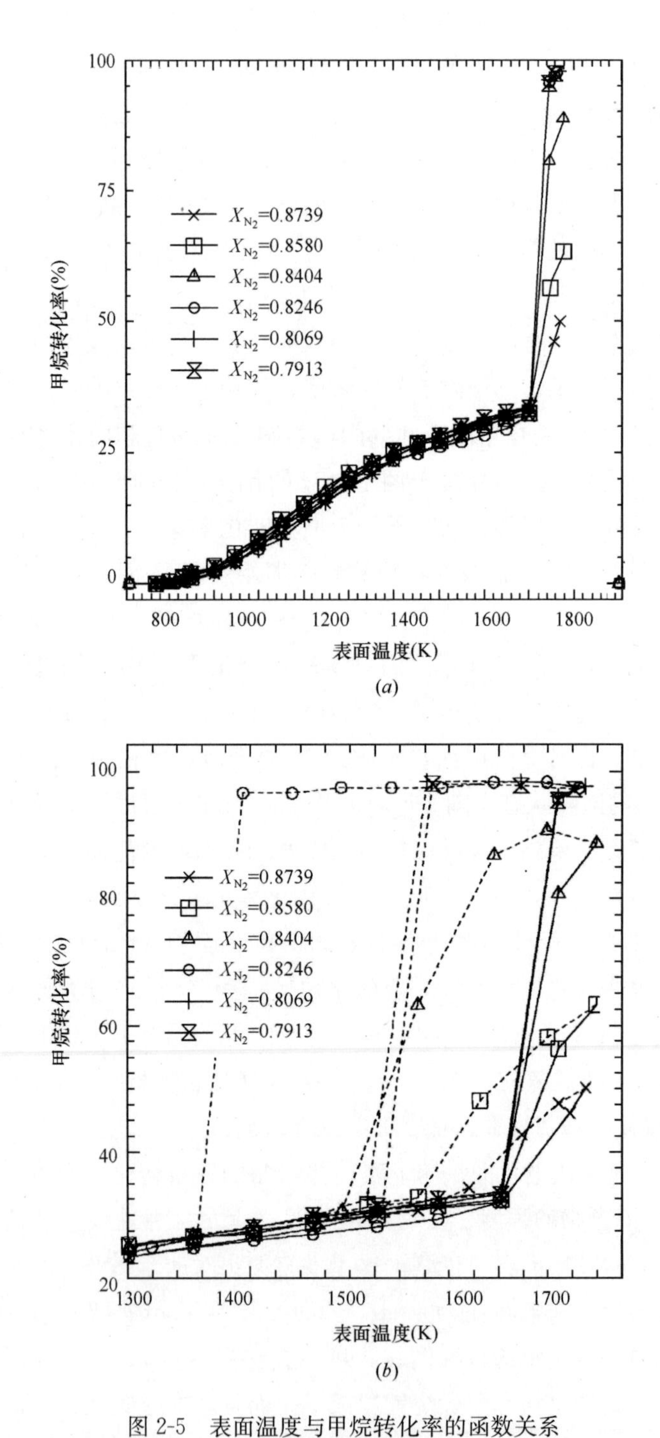

(*a*)

(*b*)

图 2-5　表面温度与甲烷转化率的函数关系

(*a*) 不同的氮气含量下（α=0.3，随着铂箔的供电量的升高）；(*b*) 延迟区（条件与（*a*）同，升高然后降低铂箔的供电量）

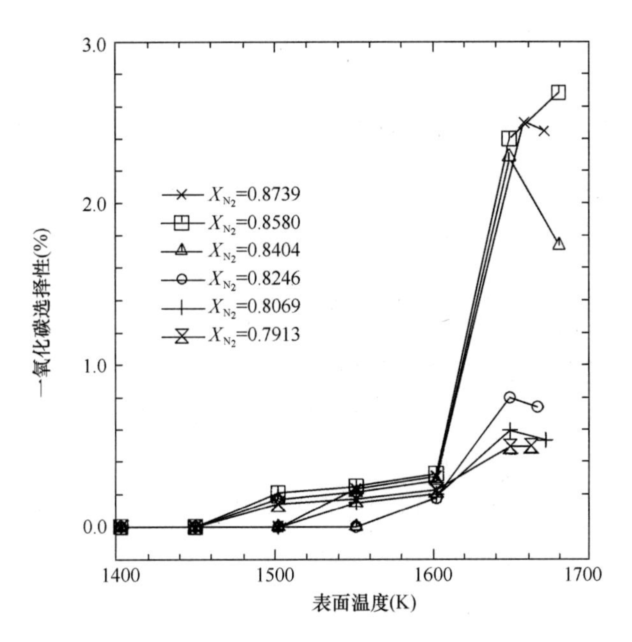

图 2-6　对应图 2-5（*a*）条件下的一氧化碳选择性

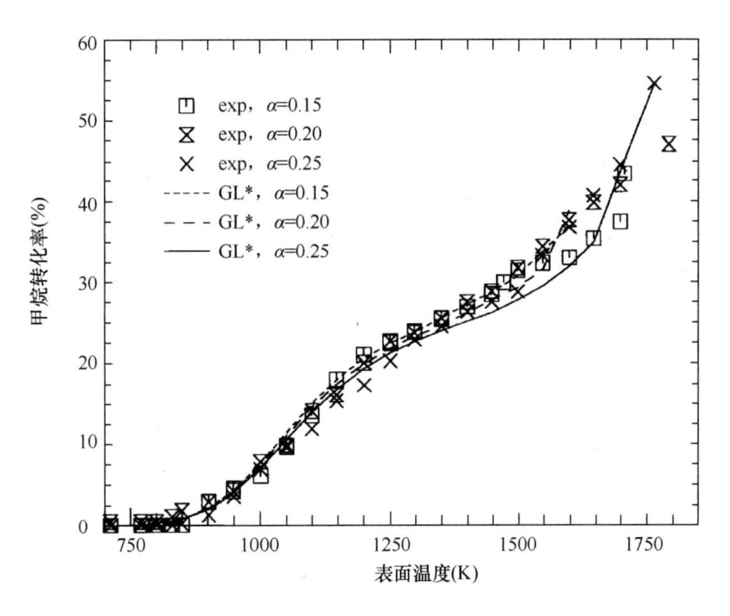

图 2-7　随着铂箔供电量的增大，当 X_{N_2} =0.874 时不同燃料浓度下的表面温度与甲烷转化率的函数关系

2.5　模拟结果

在实验中，由于得到了催化状态下燃料转化率的两个最大值（30%和

32%），K 的一个值（$5.773\times10^{-2}cm^{-1}$）被用于研究铂箔老化和燃料混合物强度影响上。并且 K 的另一个值（$8.718\times10^{-2}cm^{-1}$）被用于研究氮气含量的影响中。实验差异不仅在于在后面的研究中使用了不同的铂箔，而且在于铂箔与喷射器之间位置的不同，在研究氮气含量的实验结果中，铂箔与喷射器位置的不同导致了暴露于反应混合物的铂箔表面积稍稍增加了一些。

当在催化状态下，使用实测燃气温度分布运行程序，得出的燃料转化率与通过解能量守恒方程运行程序得出的燃料转化率相同。解能量守恒方程所计算的燃气温度分布接近 Dupont、Moallemi、Williams 和 Zhang（2000）实验发现的情形。图 2-8 是利用在催化状态下综合"GL"和分步"DET"机理的两个经过优化的动力学的速率常数得出的结果。如图 2-8 所示，原始 GL 和 DET 机理的表面反应高估了动力学的速率控制的催化状态（即 $T_S<1000K$）下的燃料转化率。相比之下，量质传输速率控制的催化状态（$1000<T_S<1600K$）下的燃料转化率出现了较好的一致性，这是由于扩张校正因子的校正影响。通过在实验与模型之间研究如何对原始机理做最小的修正才能产生最好的一致性，分别得到了所谓的 GL* 和 DET* 优化机理。这两个机理的优化是通过拟合实验的与模拟的燃料转化率完成的。这里实验与模拟的燃料转化率是在单一条件下得到的：$\alpha=0.3$，$X_{N_2}=0.858$，对于 GL*，$T_S=1100K$；对于 DET*，$T_S=1000K$。对于 GL* 机理，

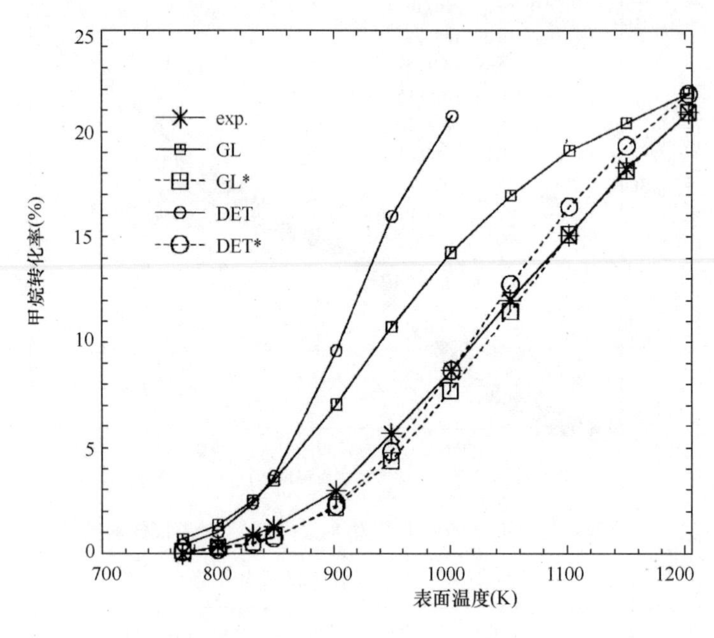

图 2-8　综合化学反应机理 GL 与其优化机理 GL* 及分步化学反应机理 DET 与其优化机理 DET* 及一实验条件下（$\alpha=0.3$，$X_{N_2}=0.858$，温度范围限制在催化转化范围）甲烷转化率的比较

优化包括了降低表面甲烷氧化反应的频率因子：从原始值 1.3×10^{11} 降低到 $2.228\times10^{10}mol^{-0.5}\cdot cm\cdot s^{-1}$（单位是以氧气的反应级数 0.5 为基准的）。DET* 机理是通过降低铂表面上的甲烷离解吸收反应的频率因子重新修正的（$CH_4+Pt\rightarrow CH_3(S)+H(S)$）：从 4.633×10^{20} 降低到 $1.056\times10^{20}\ mol^{-2.3}\cdot cm^{4.6}\cdot s^{-1}$（单位是以铂的正反应级数 2.3 为基准的）。尽管优化是通过对每一机理（只拟合一种实验条件）改变一个灵敏频率因子完成的，但是在催化状态下的整个表面温度范围内，足以证明模拟和实验可以达到很好的一致性。如果处在单相燃烧状态，使用实测的气体温度分布是达到与实验的转化率曲线一致性的必要手段。采用这种手段建立的转化率曲线的相关部分如图 2-9 所示。后者表明在超过单相点燃区域和在延迟区域中，GL* 机理保证了实验与预测的燃料转化率的一致性，而不是 DET* 机理。DET* 机理对燃料转化率的预测稍高。同时，相似地计算 DET 和 DET*，预测的一氧化碳选择性大约是实验值的 4 倍。

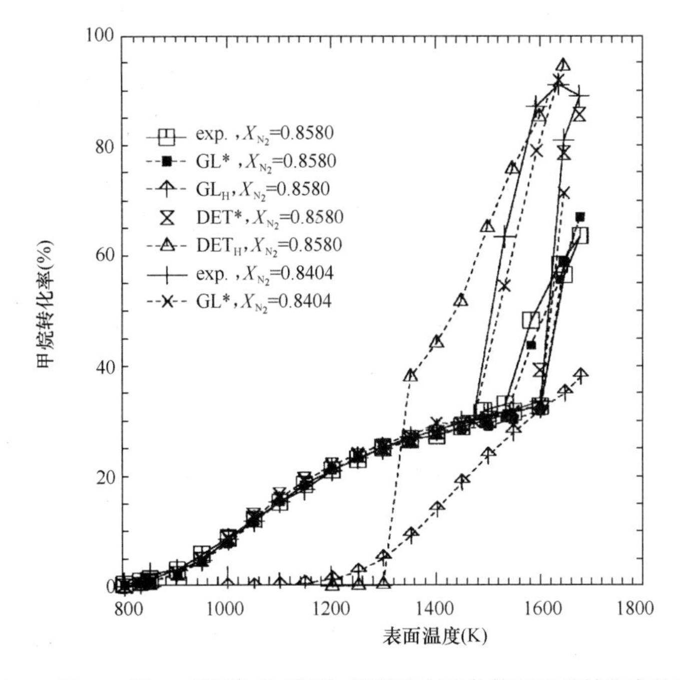

图 2-9　GL*、GL_H、DET* 和 DET_H 机理及实验条件下甲烷转化率的比较
（对整个热循环 $\alpha=0.3$，$X_{N_2}=0.858$ 或 0.8404）

图 2-9 是在 $\alpha=0.3$ 和 $X_{N_2}=0.858$ 的具体条件下通过求解能量方程和运用 GL_H、DET_H 机理得到预测的燃料转化率曲线，GL/GL* 和 DET/ DET* 机理有效地阻止了表面反应，从而模拟了惰性表面的特性。从 GL_H 机理模拟的燃料转化率曲线看出，在表面温度约 1200K 时开始气相转化，并且随着表面温度的增

加，GL_H 曲线的燃料转化率稳步上升，但总是保持在 GL^* 预测的转化率之下。这是因为在整个燃料转化状态下，GL 机理中把明显的催化作用归因于铂表面。

DET_H 机理计算了温度在 1300～1350K 之间的单相点燃。在已建立的单相转化状态下，DET_H 机理模拟的转化率比 DET^* 的大。通过 DET^* 机理得知，铂箔表面的反应对气相氧化反应的全面进行有抑制作用。Dupont 等人（2000a）使用了另一分步气相氧化机理（不是现在这个）进行研究，结果表明，对于更大的氮气含量（$X_{N_2}=0.8739$）也发生了同样的抑制作用。在以往用于热水器和炉灶中的催化蜂窝独石燃烧器中（Dupont 等，2000b），也观察到过这样的抑制作用。

从燃烧效率角度来说，数值模拟的结果表明综合化学反应近似法是足够好的，在催化状态和单相状态下产生了较好的一致性。但是，为了更进一步地解释实验中观察到更加细微的特性（如重复热循环的影响、一氧化碳选择性、单相氧化的抑制作用和低浓度燃料混合物发生温度降低的单相点燃）必须要引入分步化学反应理论。

建议必须按比例放大实验的反应器，进一步在单相状态下，通过分步化学反应单相机理调查实验测量的 CO 选择性和燃料转化率与模拟预测得到的结果的差异。

进一步研究包括，使用更大的反应器测试惰性表面（这将有助于说明铂表面对单相点燃的抑制作用）和非一干涉地测量铂箔表面下的径向和轴向组分分布。一旦 CO 选择性与模型相一致，继续对稳定的双碳（C-2）组分进行实测，并将它们与预测值进行比较，这也将会有助于理解推迟单相点燃的机理（Dupont 等，2001）。

2.6 大型滞止点流动反应器的研究

在研究中，采用更大的滞止点流动反应器，$CH_4/O_2/N_2$ 混合物用参数 α（0.1～0.2）表示。其中 $\alpha=\dot{V}_{CH_4}/(\dot{V}_{CH_4}+\dot{V}_{O_2})$，混合物在大气压、298K 下，以速度 U_0（4.5～4.7cm/s）在距混合物出口 8mm 处，纯度为 99.95%、厚为 100μm、直径为 2.35cm 的多晶铂箔上点火，如图 2-10 所示的实验装置。

混合物中的 N_2 含量用摩尔分子 X_{N_2} 表示（$X=0.84$～0.87）。以前的有关反应器设计研究表明（Dupont 等，2000b；2001）：在纯异相氧化状态，单步综合反应机理能够充分地重现依赖催化剂温度的 CH_4 转化率。在文献（Dupont 等，2001）中，单步反应的反应速率常数通过调整两个实验点到其模拟值而得到优化。图 2-11 的转化率曲线（无修正因数）表明：通过新的反应器的设计异相反应的反应速率常数的优化可以通过在中低等温度下（1100K）调整一个转化率而实现。

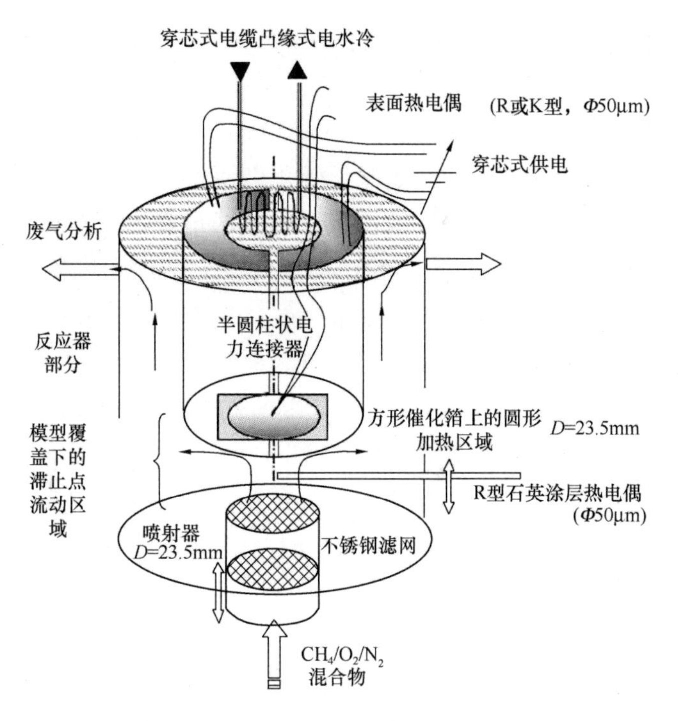

图 2-10　实验装置示意图（大型滞止点流动反应器 SPFR）

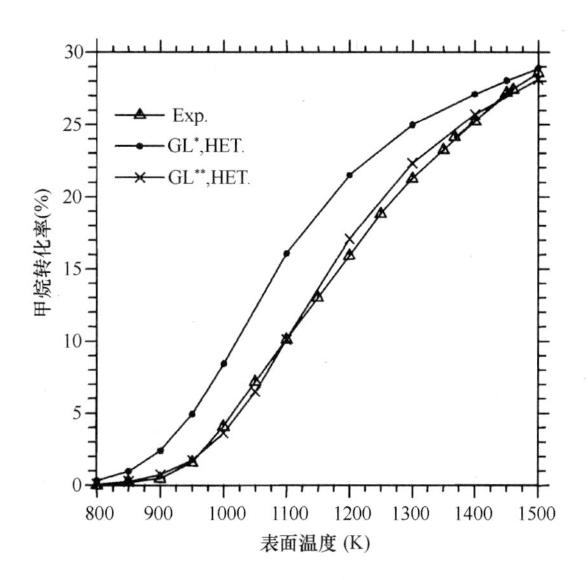

图 2-11　在 SPFR 中实验的甲烷转化率和利用优化异相综合反应机理模拟的甲烷转化率的比较（反应速率为 $\omega_{HET}=A\times\exp\ (-E/RT)\ \times[CH_4]^1\times[O_2]^{0.5}$。GL* 机理中，$A=2.228\times10^{10}$ 且 $E=135.0$kJ（Dupont 等，2001）。GL** 机理中，选用的最佳参数为 $A=2.228\times10^{10}$，$E=144.7$kJ。实验的条件为 $\alpha=0.2$，$X_{N_2}=0.877$，$U_0=4.73\text{cm}\cdot\text{s}^{-1}$）

为了模拟一氧化碳的转化，需要采用更加详细的化学反应机理。应用 GRI-Mech 3（Smith 等，1999）和甲烷在铂表面的分步异相氧化机理（Deutschmann，1996；Mantzaras 等，2000；Raja 等，2000）的复合，假设铂的活化点密度为 2.7×10^{-9} mol · cm^{-2}。由参考文献（Deutschmann 等，1994）测算，其中包含文献（Deutschmann ，1996）建议的早期转化机理和文献（Mantzaras 等，2000 和 Raja 等，2000）中的测试结果。如下所示，设计的新反应器所得的 CO 更高，这一结果支持了文献（Dupont 等，2000b）中的假设。旧反应器中的径向梯度太大以至于不能与 SPFR 模型的径向梯度相一致。相信目前的 SPFR 研究中（这里提醒读者：这些 SPFR 研究主要关注含有剩余氧气的混合物）大部分测量的一氧化碳在很大程度上是在气相生成的。这一论断通过观察到气相温度曲线中明显的变化而得到证实，同时也可以通过观察到发生轻度的气相点燃而得到证实。这里没有给出反应区的气相温度曲线，但是相似的曲线已在文献（Dupont 等，2000 b）中给出。一氧化碳的来源也可以通过文献（Dupont 等，2000b）中的模拟研究来证实，文献（Dupont 等，2000 b）中的实验条件是 $\alpha=0.3$，这决定了在此温度区从异相氧化而产生的一氧化碳选择性要小于在气相区产生的一氧化碳。而且，一氧化碳不可能从表面析出再在气相被完全氧化，这是因为流体几何学表明以气相存在的任何组分的一部分应该由径辐射方向的流体带离反应器，然后在废气中测量。在这一方面可获取的详尽文献中将被吸附的一氧化碳理解成是在贵金属表面上从甲烷到二氧化碳的完全贫异相氧化过程中的暂时中间产物，这一论点是由在高温区表面上仍存在的过量氧气所支持的。

图 2-12 所示是在 $\alpha=0.15$、$X_{N_2}=0.874$ 并且初速度为 $U_0=4.6$cm · s^{-1}（对 298K 经过校正）的实验情况下甲烷转化率和产物选择性与铂催化剂温度的关系曲线。它指出异相燃烧会一直延续到 1400K，在这一温度下产物中会产生少量的乙烷。当温度在 1450～1500K 之间时，气体温度曲线的特性变化表明一氧化碳突然增长，甲烷转化率也迅速增长，这代表了气相燃烧的开始（即不剧烈的单相点燃）。

在气相点燃的过程中，一氧化碳、乙烷、乙烯的选择性也同时增加，但是乙烷的最高值出现在较低的催化剂表面温度下，接着乙烯、一氧化碳最高值出现在增加的催化剂表面温度下。由于催化剂表面温度从异相点燃开始便以 20K 的步长增长，所以需说明的是所有测量都是在稳态情况下进行的。一旦达到气相点燃区，发现对 $\alpha>0.2$ 的混合物，反向温度的降低会造成延迟（Dupont 等，2001）。还发现早前混合物就此温度进行催化点燃，而将一直持续气相点燃的状态，并得到更高的燃料转化率及一氧化碳、双碳组分同时排放产物。通过气相燃烧证实了异相燃烧的抑制作用。对于氢气在铂表面催化燃烧的异相燃烧的抑制作用，早先

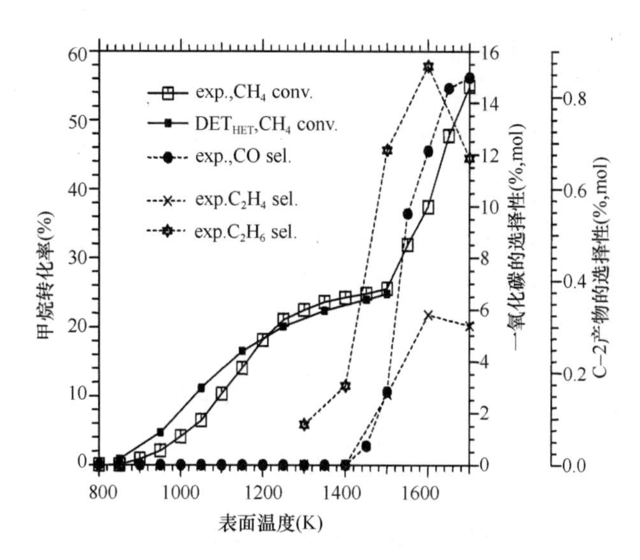

图 2-12　SPFR 中实验的甲烷转化率和一氧化碳、乙烯、乙烷选择性与铂催化剂表面温度的关系（实验条件为 $\alpha=0.15$，$X_{N_2}=0.874$，$U_0=4.6cm \cdot s^{-1}$。DET_{HET}、CH_4 conv. 是单独利用分步异相化学反应机理模拟的甲烷转化率）

在参考文献（Ikeda 等，1995）中有所报道。当在模型中施加气体温度时，我们在模拟中也重现了这一抑制作用，其有效地得到了两个求解方法（Dupont 等，2001）。延迟方法不再在目前的研究中继续探索。这里报道的实验是通过增加催化剂温度达到的，并且模拟仿真是在稳态情况下的求解。

图 2-12 是甲烷转化率曲线，它是单独利用异相分步机理模拟的（DET_{HET}），见参考文献（Deutschmann，1996 和 Raja 等，2000）。结果表明：异相分步机理模拟的低温度区的转化率曲线要稍高于实验值，优化该机理如文献（Dupont 等，2001）中所做的可以达到较好的效果。但是，主要说明了在对应于 1200～1500K 之间甲烷转化率曲线平稳段的质量传递（扩散）速度控制区内，实验所得的甲烷转化率与模拟所得的甲烷转化率一致性非常好，不用进行任何修正。扩散速度控制是由于快速的固气氧化反应导致近表面缺少甲烷，且流体不能够通过充分迅速地扩散来补充缺失的反应物（甲烷）。因此，在扩散速度控制区内，只要反应迅速，那么对这些反应的动力学速率的选择就是不相关的，并且燃料转化率是由反应物的流入量和反应物在反应器中的最终结果所控制的，燃料转化率依赖于流体几何学。这些条件下模拟与实验结果达到较好的一致性，并且不用进行修正，这表明在实验设备 SPFR 中，流体接近于理想流动。在到达单相点燃点温度时，停止模拟，因为不能单独用异相机理来模拟单相点燃。

图 2-13 所示是图 2-12 的甲烷转化率与利用分步单相－异相耦合机理（HET＋HOM）（Deutschmann，1996；Smith 等，1999 和 Raja 等，2000）模拟的甲烷

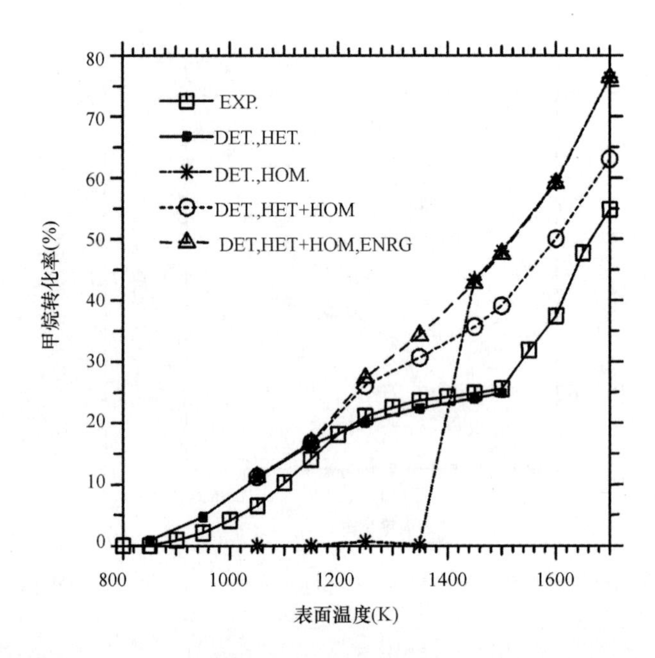

图 2-13 分别单独利用（i）分步异相机理（DET，HET），（ii）分步单相机理（DET.，HOM），（iii）施加测量气体温度的分步异相/单相耦合机理（DET.，HET＋HOM），（iv）利用数值法解能量方程的分步异相/单相耦合机理（DET，HET＋HOM，ENRG）模拟的甲烷转化率曲线与表面温度的关系的相互比较（实验条件如图 2-12 所示）

转化率的比较。通过利用施加测量的气体温度分布曲线模拟了其中一条曲线，其他的曲线是通过解能量方程（ENRG）得到的。图 2-13 中还包括利用单相气相机理（HOM）模拟的甲烷转化率曲线，它表现出了惰性表面的影响。表面温度在 1150K 以下，包括分步异相机理的所有测试机理模拟出的甲烷转化率都相同，这表明对于这些模拟气相转化是失效的。表面温度在 1150K 以上，两种使用单相一异相耦合机理的仿真模拟预测到了气相燃烧开始，这是通过明显观察到转化率的增长得到验证的。为了能进一步证明实验中不会发生有明显气相燃烧开始的现象，图 2-14～图 2-16 给出了模拟和实验情况下对应于图 2-13 的甲烷转化率曲线的一氧化碳、乙烯和乙烷选择性曲线的比较。

如图 2-13～图 2-16 所示的结果表明：采用分步单相一异相耦合机理模拟，利用解能量方程方法或是利用施加实验得到测量的气体温度的方法得到的气相点燃要低 350～400K。也同时表明对所有低于气相燃烧点的催化剂表面温度，单独使用异相机理（综合或是分步）能够正确地模拟出甲烷接近完全转化为二氧化碳。

进一步研究了单独使用分步单相机理预测的甲烷转化率，如图 2-13 所示。

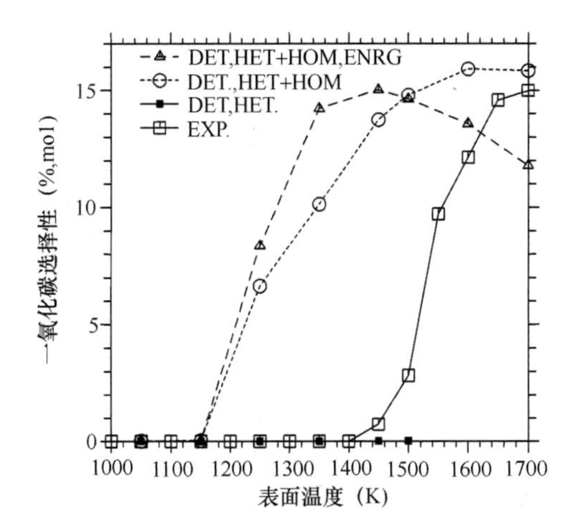

图 2-14　实验的与模拟的一氧化碳选择性与催化剂表面温度关系的比较

（模拟采用的机理与图 2-13 相同，并且实验条件也与图 2-13 相同）

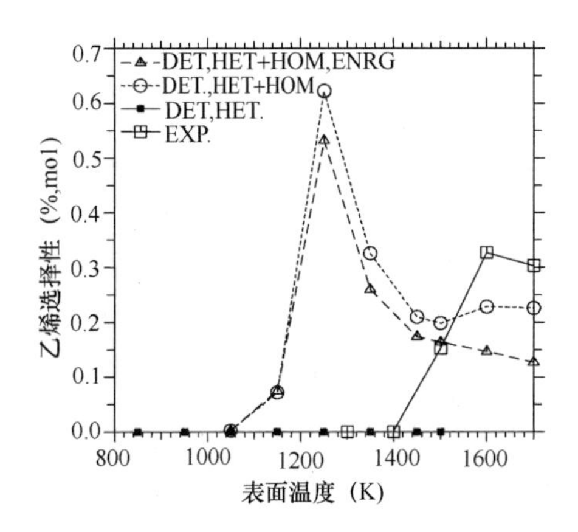

图 2-15　实验的与模拟的乙烯选择性与催化剂表面温度关系的比较

（模拟采用的机理和实验条件都与图 2-13 的情况相同）

它表明惰性表面在 1250～1350K 之间发生气相点燃，即高于模拟的催化表面温度（1150K）值 100～200K，低于实验值 150～200K。这里得到的模拟结果是在 α=0.15 条件下的，因此模拟施加给催化燃烧的气相点燃一个推进作用，然而实验证明产生的是抑制作用。偶然，这与我们以前的在 α=0.3 情况下的研究结果（Dupont 等，2000b；2001）是相矛盾的，在 α=0.3 情况下，实验和模拟中都会产生抑制作用。为了扩展机理的有效范围，需要进一步优化这些机理。可是，调整是不重要的，因为图 2-14～图 2-16 中所示的一氧化碳、乙烯和乙烷选择性实验曲线仅与那些模型值的温度区对应范围有所不同，而不是他们的绝对值或是曲

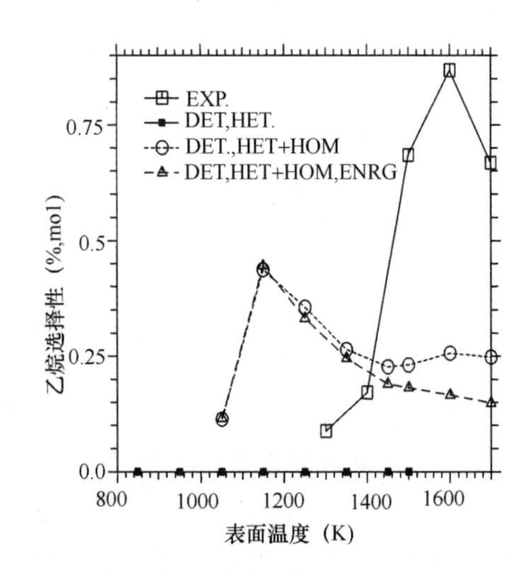

图 2-16 实验的与模拟的乙烷选择性与催化剂表面温度关系的比较
（模拟采用的机理和实验条件都与图 2-13 的情况相同）

线分步的不同。实验观察到的抑制作用比预料的要强烈，实验表明在催化燃烧的高温区，抑制作用在这一较大区域里一直起主导作用。这样，就有必要去揭示产生抑制的原因，这可能会促进在将来精确重现这一抑制作用。

目前的参考文献有两种相反的理论。第一种理论把抑制作用归因于异相氧化反应耗尽的气体燃料，并且这一理论由在铂网上的实验结果所证实，并附有模拟（Davis 等人，2000）。研究发现甲烷/氧气/氮气混合物尾流流过加热铂网，测量的 OH 基的分布与异相氧化相一致，从化学方面和物理方面来说，这与单相氧化（非耦合）相区别。然而，在铂网上的实验中，流体与网面是正交的，通过网面的强烈对流扰乱了两种化学机理的相互作用。因此铂网实验并不是最好地代表发生在独石通道或金属板反应器中反应的模型。首先，见图 2-13，我们所得到的结果看上去与理论一致，因为仅利用异相机理模拟得到很好的实验中出现的甲烷转化到气相点燃的曲线。但是，不幸的是这一理论没有解释为什么对于较贫燃料混合物（低 α）抑制作用会减弱。图 2-17 证明了这一点，即图 2-17 中，在三种贫燃料 α 值（0.1、0.15 和 0.2）的甲烷转化率和一氧化碳选择性。图 2-17 表明，在较低催化剂表面温度下对于降低的燃料强度（即较小的 α 值），一氧化碳会发生单相形成，这一结果与早前的研究相符。由于反应器的改进，所以目前研究中测量的一氧化碳选择性的绝对值远远高于文献（Dupont 等，2000b；2001）的一氧化碳选择性值，这样气相点燃点也更加明显和可靠。

抑制作用原因的第二种理论更加复杂（Vlachos 等，1996），并且应用了热-动力学的相互作用理论（Griffiths 等，1987）。除了由于异相氧化反应导致的燃

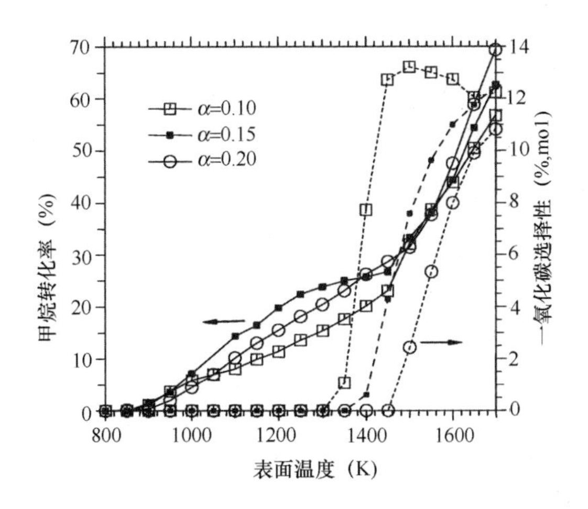

图 2-17　实验的甲烷转化率和一氧化碳选择性与铂催化剂表面温度的关系

（实验条件分别为各种贫混合物（α=0.1，0.15，0.20），且 X_{N_2}=0.84，U_0=4.5～4.7cm・s^{-1}）

料耗尽以外，还包含许多现象，即以前讨论过的热-动力学的相互作用理论中的专用因子。进一步夺去大量气相中的燃料传热致气相点燃，引起了甲烷对催化剂的扩散。根据文献（Vlachos 等，1996；Park 等，1997）由于活性催化剂的作用导致大量水蒸气的吸附作用，这将解释图 4-10 中所示的结果。水蒸气作为两个重要反应的第三方（M）参与了抑制气相点燃。通过消耗自由基 H 和 CH_3，并且通过分别形成更稳定的组分 HO_2 和 C_2H_6，水蒸气抑制了气相点燃。水蒸气参与的反应如下：

$$H+O_2+M \Rightarrow HO_2+M \qquad (R1)$$

$$2CH_3+M \Rightarrow C_2H_6+M \qquad (R2)$$

由于燃料强度降低，所以水的浓度也降低了，对应的抑制作用也减弱了。这一影响在文献（Bui 等，1996；Vlachos 等，1996）中对公式（R1）和文献（Park 等，1997；1998）对公式（R2）得到了很好的说明。可是，在文献（Bui 等，1996，Vlachos 等，1996）中描述的 R1 与这里使用的机理有一点不同。机理的早前版本将 18.6（最高）的碰撞率归因于第三方 H_2O（Miller 和 Bowman，1989），并且文献（Bui 等，1996；Vlachos 等，1996）也是如此解释的。这里应用的最近版本（GRI-Mech 2.11 和 3）指定碰撞率为 0，并且独立反应 $H+O_2+H_2O \Rightarrow HO_2+H_2O$ 的动力学的反应速率不同。为了断定在 GRI-Mech3 机理的 R1 方程中，是否对 H_2O 任意增加碰撞率到 18.6 会增加气相点燃的温度，在 α= 0.15 和 X_{N_2} = 0.87 条件下进行了进一步模拟。这里没有给出结果，但结果确实表明气相点燃发生的温度要高于从前 100K。气相点燃发生的温度要比早前模拟预计的单相点燃温度（1450～1500K）低 250～300K。为了反应观察到的抑制作用的强弱并修正机理，必须要引入其他的因子。

在目前的分步异相机理中没有得到完全解释的一个重要方面是吸附作用和始于燃气的自由基随后的最终结果。普遍假设 H、OH 或 O 对表面的吸附作用的强大流量和 H_2O 的重组将阻止气相点燃，确实铂表面流通的基通量的问题已经被研究过了（Pfefferle 等，1989；Forsth 等，1999）。目前研究中使用的分步异相机理仅考虑了自由基 OH 的吸附作用。自由基 OH 的吸附作用被认为在气相点燃中起着关键性作用，然而，H 也起关键作用。组分与 CH_4 生成公式（R2）中的 CH_3 基，并且又通过 CH_2、CH 和 CH_2O 的形式产生 CO 的先兆，这是气相点燃过程的一部分。H、CH_i 和 CH_2O 基也可能与铂表面相互作用，但是这一点在这里用的机理中没有表示出来。目前有文献利用热力学和过渡态理论发展了 H_2、CO 和 CH_4 在铂表面的异相氧化反应机理的优化方法（Park 等，1999；Aghalayam 等，2000）。这种优化方法结合庞大的实验数据为发展分步异相氧化反应机理奠定了坚实的基础。目前的工作包括采集一氧化碳和某些双碳组分的选择性，还有整个过程燃料转化率的实验数据。我们的实验结果表明贫甲烷/氧气/氮气混合物在铂上的异相氧化反应可以在一个很大的催化剂温度范围内维持，这一范围要大于目前分步动力学反应模型所模拟预测的。而且，为了提供更好的燃烧器设计方法，应该进一步优化这些模型。预计对于其他催化剂（如钯）会得到相似的结果，这一点没有在 SPFR 上进行验证，但是在独石燃烧器进行了实验，验证结果表明产生了相似的抑制作用。

2.7 结论

在贵金属催化蜂窝独石燃烧器上进行的极贫甲烷/空气混合物的燃烧维持催化燃烧在足够高的温度下，这一温度足以维持气相燃烧。除了会生成二氧化碳、水并具有高稳定性以外，同时催化燃烧有近零污染排放的特点。我们在许多控制条件下在铂表面的滞止点流动反应器中配合滞止点流动反应器的理论模型，用综合与分步异相－单相耦合化学机理检验了催化燃烧的这些现象。设计的反应器精确地重现了理想装置的反应流动，而不需要修正因子。由于我们在这里采用技术机理的状态模拟的气相点燃发生的温度要低于实际温度 300～400K，低估了气相点燃的抑制作用强度，反而误认为会产生促进作用。这些机理的缺陷可能简单，因为模拟和实验的差距只是表现在温度区域上而不是表现在产物选择性的量或曲线分布上。这些差异很可能是由于在化学反应机理中表示出的自由基数量的低强度引起的。可以利用在SPFR（滞止点流动反应器）上已经成熟建立的方法优化这些机理（气相一异相耦合化学反应学），最终这些成熟的方法可以为设计催化燃烧器提供有价值的辅助（Dupont等，2002）。

参考文献

[1] Aghalayam P, Park Y K, Vlachos D G. 2000. *Twenty-Eighth Symposium (International) on Combustion*, The Combustion Institute, Pittsburgh.

[2] Bui P-A, Vlachos D G, & Westmoreland P R. 1996. Homogeneous ignition of hydrogen/air mixtures over platinum. *Proceedings of the 26th symposium (international) in combustion* (pp. 1763}1770). Pittsburg: The Combustion Institute.

[3] Coffee T P. 1985. On simplified reaction-mechanisms by oxidation of hydrocarbon fuels in flames. *Combustion Science and Technology*, 43: 333-337.

[4] Coltrin M E, Kee R J, & Evans G H. 1989. A mathematical model of the # uid-mechanics and gas-phase chemistry in a rotating-disk chemical vapor deposition. *Journal of Electrochemistry Society*, 136: 819.

[5] Coltrin M E, Kee R J, Evans G H, Meeks E, Rupley F M, & Grcar J F. 1991. *SPIN (Version 3.83): A Fortran program for modeling one-dimensional rotating-disk/stagnation-yow chemical vapor deposition reactors*. SANDIA Report SAND91-8003.

[6] Deutschmann O, Behrendt F, Warnatz J. 1994. Modelling and simulation of heterogeneous oxidation of methane on a platinum foil. *Catalysis Today*, 21, 461-470.

[7] Deutschmann O. Ph. D. thesis, Heidelberg University. 1996.

[8] Dupont, V, Moallemi F, Williams A, & Zhang S-H. 2000a. Combustion of methane in catalytic honeycomb monolith burners. *International Journal of Energy Research*, 24: 1181-1201.

[9] Dupont V, Zhang S-H, & Williams A. 2000b. Catalytic and inhibitory effects of Pt surfaces on the oxidation of $CH_4/O_2/N_2$ mixtures. *International Journal of Energy Research*, 24: 1291-1309.

[10] Dupont V, Zhang S-H, & Williams A. "Experiments and simulations of methane oxidation on a platinum surface", Chemical Engineering Science, 56, (8); (2001), 2659-2670, (IDS No. 435XQ)

[11] Dupont V, Zhang S-H, & Williams A. High Temperature Catalytic Combustion and Its Inhibition of Gas Phase Ignition. *Energy and Fuels*, (2002) 16: 1576-1584

[12] Evans G H, &Greif R. 1988. Forced flow near a heated rotating disk--a similarity solution. *Numerical Heat Transfer*, 14: 373-387.

[13] Fernandes N E, Park Y K, & Vlachos D G. 1999. The autothermal behaviour of platinum

catalyzed hydrogen oxidation: Experiments and modeling. *Combustion and Flame*, 118: 64-178. Flood EA. 1967. *The solid } gas interface*, *vol.* 1. London: Edward Arnold (Publishers) Ltd.

[14] Forsth M, Gudmundson F, Persson J L, & Rosen A. 1999. The influence of a catalytic surface on the gas-phase combustion of H_2+O_2. *Combustion and Flame*, 119, 144-153.

[15] Grcar J F, Kee R J, Smooke M D, & Miller J A. 1986. A hybrid Newton/time-integration procedure for the solution of steady, laminar, one-dimensional, premixed flames. *Proceedings of the 21st Symposium (international) on combustion* (p. 1773). Pittsburgh: The Combustion Institute.

[16] Griffiths J F, Scott S K. 1987. *Progress in Energy and Combustion Science*, 13: 161-197.

[17] Ikeda H, Sato J, & Williams F A. 1995. Surface kinetics for catalytic combustion of hydrogen-air mixtures on platinum at atmospheric pressure in stagnation flows. *Surface Science*, 326: 11-26. Kee R J, Dixon-Lewis G, Warnatz J, Coltrin M E, &Miller J A. 1986. *A Fortran computer code package for the evaluation of gas-phase multicomponent transport properties*. SANDIA Report SAND86-8246.

[18] Kee R J, Miller J A, Evans G H, & Dixon-Lewis G. 1988. A computational model of the structure of strained, opposed flow, premixed methane-air flames. *Proceedings of the 22nd symposium (international) on combustion* (pp. 1479-1494). Pittsburg: The Combustion Institute.

Mantzaras J, Appel C, Benz P , Dogwiler U. 2000. *Catalysis Today* 59, 3-17.

[19] Miller J A, and Bowman C T. 1989. *Progress in Energy and Combustion Science*, 15: 287-338.

[20] Park Y K, &Vlachos D G. 1997. Kinetically driven instabilities and selectivities in methane oxidation. *A. I. Ch. E. Journal*, 43(8): 2083-2095.

[21] Park Y K, &Vlachos D G. 1998. Isothermal chain-branching, reaction exothermicity, and transport interactions in the stability of methane/air mixtures. *Combustion and Flame*, 114(1-2): 214-230.

[22] Park Y K, Aghalayam P, Vlachos D G J. 1999. *The Journal of Physical Chemistry* A, 103(40): 8101-8107.

[23] Pfefferle L D, Griffin T A, Winter M, Crosley D R, & Dyer M J. 1989a. The influence of catalytic activity on the ignition of boundary layer flows. Part I: Hydroxyl radical measurements. *Combustion and Flame*, 76: 325-338.

[24] Pfefferle L D, Griffin T A, Winter M, Crosley D R, & Dyer M J. 1989b. The influence of catalytic activity on the ignition of boundary layer flows. Part II: Oxygen atoms measurements.

Combustion and Flame, 76: 339-349.

[25] Raja LL, Kee R J, Deutschmann O, Warnatz J, Schmidt L D. 2000. *Catalysis Today* 59

(1-2): 47 -60.

[26] Smith G P, Golden D M, Frenklach M, Moriarty N W, Eiteneer B, Goldenberg M, Bowman C T, Hanson R K, Song S, Gardiner Jr, W C, Lissianski V V, & Qin Z. 1999. The GRIMech 3.0, http: //www. me. berkeley. edu/gri _ mech/

Song X, Williams W R, Schmidt L D, &Aris R. 1991. Bifurcation behaviour in homogeneous-heterogeneous combustion: II. Computations for stagnation-point flow. *Combustion and Flame*, 84: 292-311.

[27] Takeno T, &Nishioka M. 1993. Brief communication: Species conservation and emission indices for flames described by similarity solutions. *Combustion and Flame*, 92: 465-468.

Trimm D L, & Lam C W. 1980. The combustion of methane on platinum-alumina "fiber catalysts-I, kinetics and mechanism. *Chemical Engineering Science*, 35: 1405-1413.

Vlachos D G. 1996. Homogeneous-heterogeneous oxidation reactions over platinum and inert surfaces. *Chemical Engineering Science*, 51(10): 2429-2438.

第 3 章　天然气催化燃烧与气相燃烧烟气的实验研究

催化燃烧是一种高效清洁的燃烧技术。通过催化剂改变燃料燃烧反应的途径，使燃料在低温环境中就能充分燃烧，催化剂表面的异相反应抑制了气相氧化的程度，并降低了反应的活化能，使燃烧温度降低并控制在 1200℃以下，这样减少了热力型氮氧化物的产生；并且催化燃烧的燃烧效率非常高，接近完全氧化，基本不形成 CO 和未完全燃烧的碳氢化合物，所以催化燃烧可以达到近零污染排放。

国内在贵金属和稀土材料催化剂、催化剂制备及涂层技术、CH_4催化燃烧实验、催化应用探索及催化热水器的研制方面进行了广泛的研究。由于我国天然气的用量在逐年增加，逐步取代了燃煤，这对于降低 SO_2和粉尘污染会起到决定性作用。催化燃烧对于改善燃烧过程，抑制有毒有害物质的形成等方面有着极为重要的作用，并已广泛地应用在工业生产与日常生活的诸多方面（杜娟等，2006）。

通过对催化燃烧现有研究成果的分析，对催化燃烧Ⅴ型冷凝锅炉分别装有催化独石和空白独石燃烧产生的烟气分布进行了对比分析，并测试了燃气热水器及燃气灶的一些烟气分布情况，来说明催化燃烧Ⅴ型冷凝锅炉的优劣；同时也对催化燃烧Ⅶ型炉的烟气进行了测试，为大型催化燃烧装置的优化及催化燃烧的应用普及提供实验数据。

3.1　实验用天然气组分

表 3-1 为实验过程中所使用的天然气组分，其热值是通过气相色谱仪测得的。表中包括了各组分的体积含量、高热值、低热值和相应的密度。从表中可以看出该天然气的平均高热值为 37.4MJ（N・m^3），平均低热值为 33.7 MJ/（N・m^3）。

天然气组分　　表 3-1

组分	CH_4	C_2H_6	C_3H_8	i-C_4H_{10}	n-C_4H_{10}	CO_2	N_2	—
含量（%）	90.094	1.669	0.243	0.04	0.04	1.00	5.267	—
高热值（MJ/（N・m^3））	39842	70351	101270	113048	113885	—	—	37.4

续表

组分	CH_4	C_2H_6	C_3H_8	i-C_4H_{10}	n-C_4H_{10}	CO_2	N_2	—
低热值（MJ/（N·m³））	35906	64397	93244	122857	123649	—	—	33.7
密度（kg/（N·m³））	0.717	1.355	2.01	2.691	2.703	1.977	1.250	0.761

3.2　实验用催化剂

本文中的实验所用到的催化剂为统一的规格且性质相同，载体为正方形堇青石蜂窝陶瓷，其截面积为150mm×150mm，陶瓷厚度为20mm。蜂窝陶瓷表面涂有载体Al_2O_3，并负载BaO、ZrO_2、$CeZrO_2$等助剂和Pd-Rh（活性组分比例为11∶1）活性催化剂，图3-1为实体图。图中1为空白体的堇青石蜂窝独石，2为镀催化剂后的蜂窝独石，3是独石通道表面催化剂涂层。实验过程中1与2被叠在一起使用，空白蜂窝独石主要起到了保温和整流的作用而并未参加化学反应。

图3-1　空白体堇青石蜂窝陶瓷及镀催化剂后的实体图

3.3　催化燃烧与气相燃烧烟气成分分布

催化燃烧Ⅴ型锅炉燃烧换热系统如图3-2所示，该燃烧器采用全预混燃烧方式，燃烧面是两块堇青石蜂窝陶瓷，内部表面镀着钯（Pd）催化剂，独石采用正方形截面尺寸为150 mm×150mm。对催化燃烧采用镀催化剂的蜂窝独石和空白独石的组合体，而对单相气相燃烧采用双层空白独石的组合体。蜂窝独石通道截面尺寸为1mm×1mm，壁厚为0.18 mm，软化温度为1380℃。

图3-3是催化燃烧Ⅶ型炉装置图，催化燃烧Ⅶ型炉是在催化燃烧Ⅴ型炉的基础上增大了燃烧器的输入功率，Ⅶ型炉燃烧器的表面由20块独石组成，每块镀催化剂的蜂窝独石能够承受的最大功率是5kW。系统中采用变频控制器来控制风机转速，手动控制天然气流量，采用质量流量计测量空气和天然气的流量，并

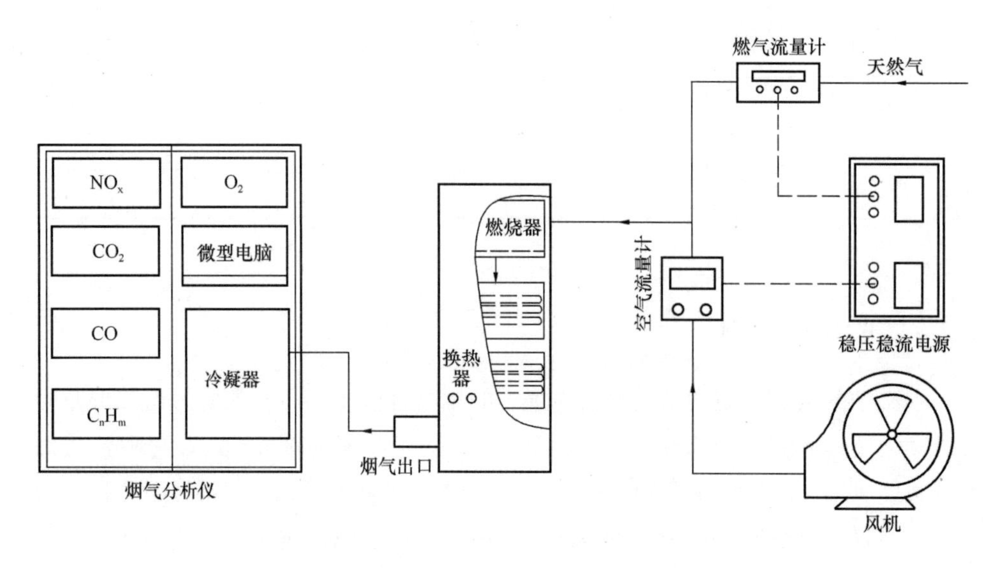

图 3-2 催化燃烧Ⅴ型锅炉燃烧换热系统图

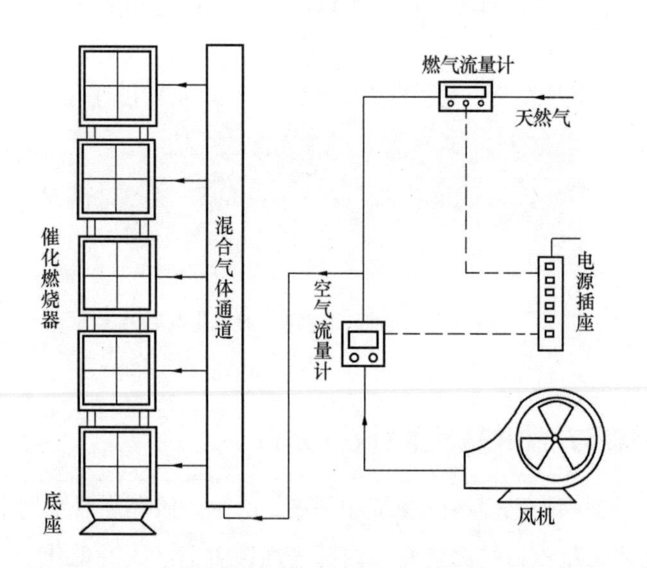

图 3-3 催化燃烧Ⅶ型炉装置图

采用双路稳压稳流电源（24～220V）为流量计供电。

利用烟气分析仪分别测量Ⅴ型锅炉在催化燃烧和气相燃烧两种情况下的烟气成分及含量，并将各成分所得结果相比较。实验所用主要仪器包括催化燃烧Ⅴ型炉、催化燃烧Ⅶ型炉、空气质量流量计 CMG400A080100000、燃气质量流量计 CMS0050BSRN200000、烟气分析采用 NO-NO_2-NO_x热电分析仪、CO/CO_2热电分析仪和碳氢化合物热电分析仪。

实验中测量了Ⅴ型锅炉分别在催化燃烧和气相燃烧条件下的烟气成分和含量，对烟气的测量内容主要包括：NO_x、CO、CO_2、C_nH_m分别所占的比例。催化燃烧的过量空气系数为2.0左右，而气相燃烧的过量空气系数为1.3左右，在这两种情况下进行烟气测量时，必须等到燃烧器达到稳定的状态，在燃烧器的排烟口处用石棉将其封堵住来对换热后的烟气进行封闭式测量，观察烟气分析仪的监测屏幕，待数值达到稳定后对其进行记录。依次改变燃气流量并分别记录烟气分析仪所显示的结果。

3.3.1　镀催化剂独石催化燃烧与空白独石普通燃烧的烟气分析

催化燃烧作为一种新型的燃烧技术已经逐步地被应用到实际的工程技术中，催化燃烧的特点是在通过催化剂的作用下使CH_4进行异相燃烧，异相反应抑制了CH_4的气相反应程度，使得CH_4能在比较低的浓度下进行燃烧（贫甲烷燃烧）所需的过剩空气系数在2.0左右，而且催化燃烧可以把燃烧温度控制在1200℃以下，以便减少热力型氮氧化物产生。在催化燃烧理论的基础上已经研发出催化燃烧器Ⅴ型，图3-4为催化燃烧器Ⅴ型的烟气成分：

CH_4燃烧的化学反应式（3-1）如下（刘蓉，2009）：

$$CH_4+2O_2+7.52N_2=CO_2+2H_2O+7.52N_2 \tag{3-1}$$

催化燃烧完全预混的过剩空气系数为2.0左右，按照这个空气系数和反应方程式计算其烟气中CO_2的浓度应为5%v/v左右。而由上图3-4所示其CO_2的浓度完全符合理论数值，所以其烟气浓度没有被空气稀释过。

为了继续对比催化燃烧与普通燃烧在NO_x、CO、CO_2、CH_4上的排放，将催化燃烧器Ⅴ型中的催化剂用空白独石代替后进行普通火焰燃烧，所得的烟气成分对比见表3-2：

燃气流量为0.408m^3/h的条件下两种燃烧方式下污染物排放　　表3-2

	燃料体积分数	过量空气系数	NO_x (10^{-6}mol/mol)	CO (10^{-6}mol/mol)	CO_2 (%v/v)	CH_4 (10^{-6}mol/mol)
催化燃烧	4.58%	2.18	1.353	4.48	5.52	0.423
空白独石普通燃烧	7.28%	1.33	4.49	2110	9.65	66.5

如式（3-1）所示反应前后CO_2的体积分数应该与燃料体积分数一致，但是所测烟气都经过脱水处理，由于水蒸气变为凝结水，所以导致了反应后CO_2的体积分数增大。

对比催化燃烧和气相燃烧的烟气成分可以看出气相火焰燃烧在NO_x、CO的

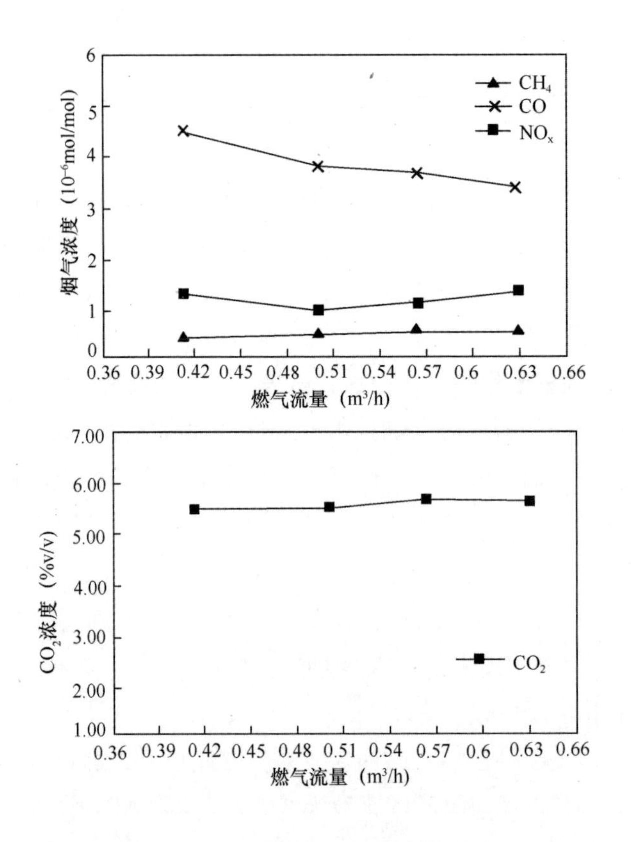

图 3-4 催化燃烧器Ⅴ型的烟气成分

排放量上远高于催化燃烧，由此可见，催化燃烧相比气相燃烧在污染物的排放量上是具有优势的，接近零污染排放。

目前的催化燃烧几乎已经达到了燃烧完全的程度，天然气所含能量的释放率接近100%。本实验中气相燃烧的燃烧效率较低，燃烧不够充分，因此生成了大量的CO，这会导致燃料能量的浪费。气相燃烧状态下，烟气中未参加反应的CH_4含量也是远高于催化燃烧状态下的CH_4含量，这说明了催化燃烧的节能特性。催化燃烧Ⅴ型冷凝锅炉的燃烧器与独石之间要用防火石棉塞严，这会导致极少量的甲烷从缝隙处滑移，这也是催化燃烧器目前有待解决的一个问题，但这并不是甲烷泄露。因为实验中烟气含量是在密封器出口测量的，当在催化燃烧器独石通道内进行测量时，发现甲烷的含量近乎是零。

3.3.2 大型催化燃烧Ⅶ型炉

其独石通道中烟气也达到近零污染物排放，基本检测不到氮氧化物和CO。

3.4　对快速型热水器、家用燃气灶烟气扩散稀释程度的分析

3.4.1　燃气热水器的烟气分布

为了进一步验证气相燃烧过程中是否有大量污染物的产生，又对快速型燃气热水器和家用燃气灶的烟气进行了分析。实验前用烟气分析仪测量了实验室空气中各种成分的含量：NO_x 为 0.0321×10^{-6}mol/mol，CO 为 4.27×10^{-6}mol/mol，CO_2 为 0.052×10^{-2}v/v，CH_4 为 4.50×10^{-6}mol/mol。

图 3-5 为燃气快速型热水器结构简图，在天然气进气管线上加装燃气流量计以便随时记录燃气流量，然后将烟气采集管的吸气口放在热水器的燃烧器上方火焰位置处，测得烟气的实验数据如图 3-6 所示。可以看到烟气中 CO_2 的浓度最大

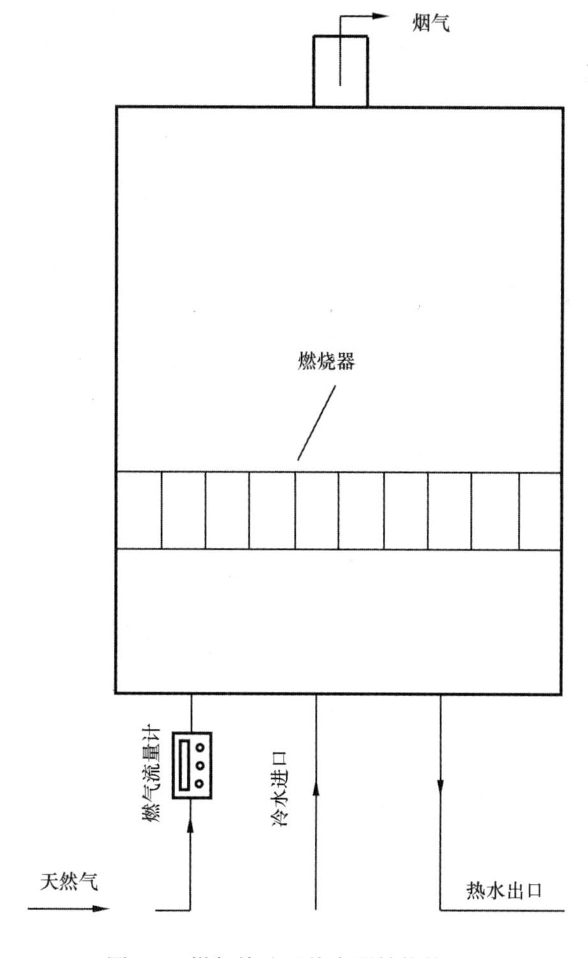

图 3-5　燃气快速型热水器结构简图

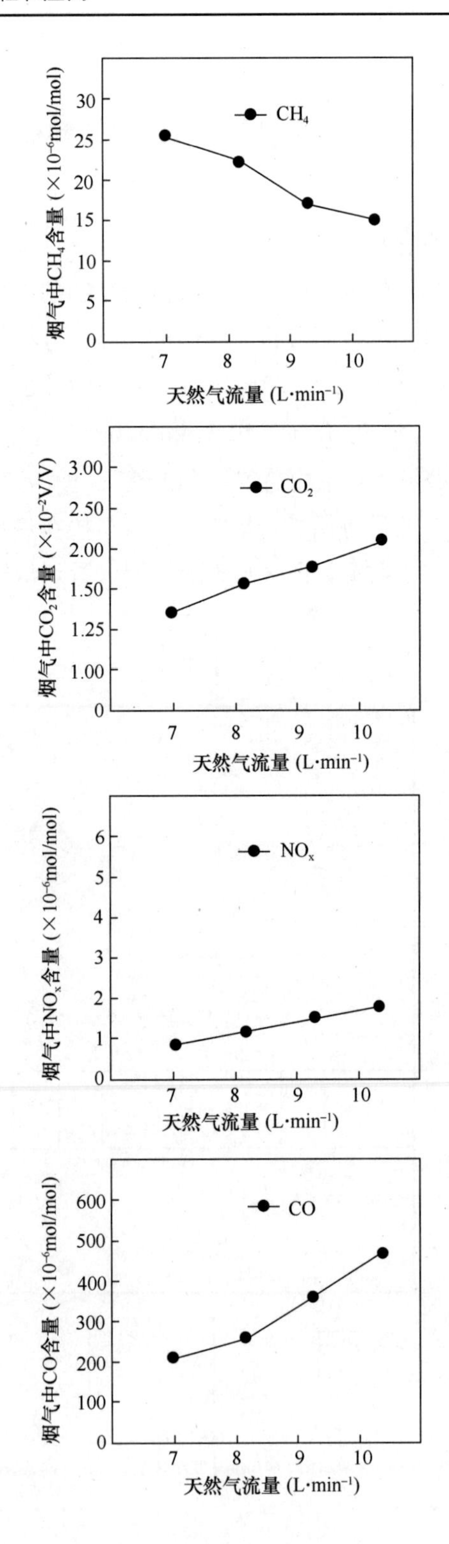

图 3-6　燃气热水器的烟气分布

为 2.2%左右，由于实验中该快速型热水器燃烧时过量空气系数是 1.3 左右，所以，这个过量空气系数计算 CO_2的浓度应该在 7%附近。由于所测的快速型热水器的排烟方式为强制式风机排风，烟道内的烟气浓度已经被大气所稀释，所以导致 CO_2的浓度降低。但就在烟气被稀释后的条件下，NO_x、CO、CH_4的浓度仍高于催化燃烧时的浓度，所以测量快速型热水器的烟气数据证明了气相燃烧的确有大量的 NO_x、CO 生成，而且也存在着有部分 CH_4没有被完全利用。

3.4.2　燃气灶的烟气分布

实验系统如图 3-7 所示，来源于市政管网的天然气经过燃气流量计接入到燃气灶内，燃气灶上方固定烟气吸入口，所产生的烟气被吸入烟气分析仪中进行分析。烟气分析采用 NO-NO_2-NO_x 热电分析仪、CO/ CO_2热电分析仪和碳氢化合物热电分析仪，所有采集的数据通过数字信号转换被输入到计算机内。烟气分析仪内部自带 Thermo 环境监测软件，每 5s 自动记录一个数据。

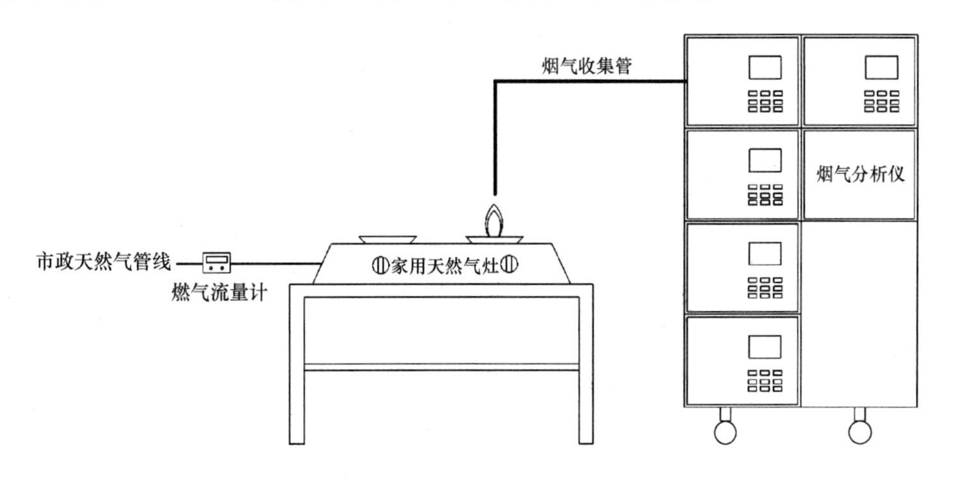

图 3-7　普通天然气灶烟气分析系统图

所用试验台如图 3-8 所示，将燃气灶固定在角铁支架上，并且事先在支架的侧面和上面固定上不锈钢标尺。将一根不锈钢轴固定在燃气灶的正上方，保证烟气采集管与燃气灶喷嘴的中心点在同一平面内。通过调节双向连接套管上的调节螺栓来调节烟气吸入口的位置。当松动与烟气采集管相接触的一个调节螺栓时，烟气采集管能沿着自身的轴向方向进行上下调节，当松动与不锈钢轴相接触的两个调节螺栓时，烟气采集管能沿着不锈钢轴的轴向方向进行调节。但是由于不锈钢轴两端被固定，所以烟气采集管无法进行前后的移动，这样就使得烟气的吸入口能在一个直角坐标系下进行二维的移动。配合上面和侧面的标尺上的刻度，就能准确地定位烟气吸入口与喷嘴中心点的位置关系。

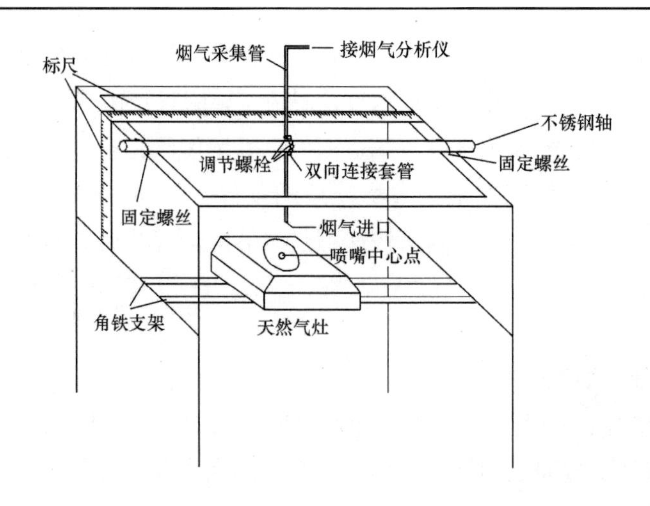

图 3-8　实验装置示意图

由于实验的目的是研究天然气普通燃烧时周围烟气的分布情况，为了使燃烧进行得更剧烈些，采用燃气灶的最大负荷。当燃气灶调节到最大负荷时，燃气流量计所显示的数值为 0.29m^3/h（此时为最大负荷 3.4kW）。在测量烟气的同时，将热电偶用铁丝固定在烟气的吸入口处，用来测量所吸入烟气的温度，温度测量采用直径为 0.5mm 的 K-热电偶。

将烟气分析仪的进口处调到燃气灶中心点的正上方 5cm 处，此进气口处于火焰中。这是第一个测点，然后在保持高度不变的前提下，沿着不锈钢轴的轴向方向水平移动，以燃气灶中心点为中心的左右两侧每隔 2cm 为一个测点，每侧 4 个测点，这样在高度为 5cm 的条件下共有 9 个测点。由于在移动烟气采集管时会造成气流的不稳定，为了保证数据的准确性，每个测点的测量时间为 5min。软件采用的是 5s 记录一个数据，将 5min 内所记录的所有数据用 Matlab 软件进行数据处理，从而使数据可信性进一步提高。在高度为 10cm 和 15cm 处重复上述测量方式，则实验一共所测为 27 个点，每个点所测内容为 NO_x、CO、CO_2、CH_4 的浓度，还有测点的气体温度。

在燃气灶没有点燃的条件下，用烟气分析仪在试验台周围的空气中进行多处取样，仪器连续工作 24h 后测得大气环境中的 NO_x、CO、CO_2、CH_4 的含量为：NO_x：0.0312×10^{-6} mol/mol，CO：3.10×10^{-6} mol/mol，CO_2：0.056%v/v CH_4：5.23×10^{-6} mol/mol。将燃气灶点燃以后在其中心上方 5cm、10cm、15cm 处所测数据绘制成图进行分析，具体烟气的分布情况如图 3-9 所示：

调节燃气灶的空燃比，使火焰呈现蓝色的状态下。由于燃气灶的燃烧方式为大气式燃烧，烟气在灶具上方向四周扩散，所测得的烟气含量只是全部的烟气总量的一少部分。但这一小部分的数值也足以说明普通燃烧过程中的确存在着比较

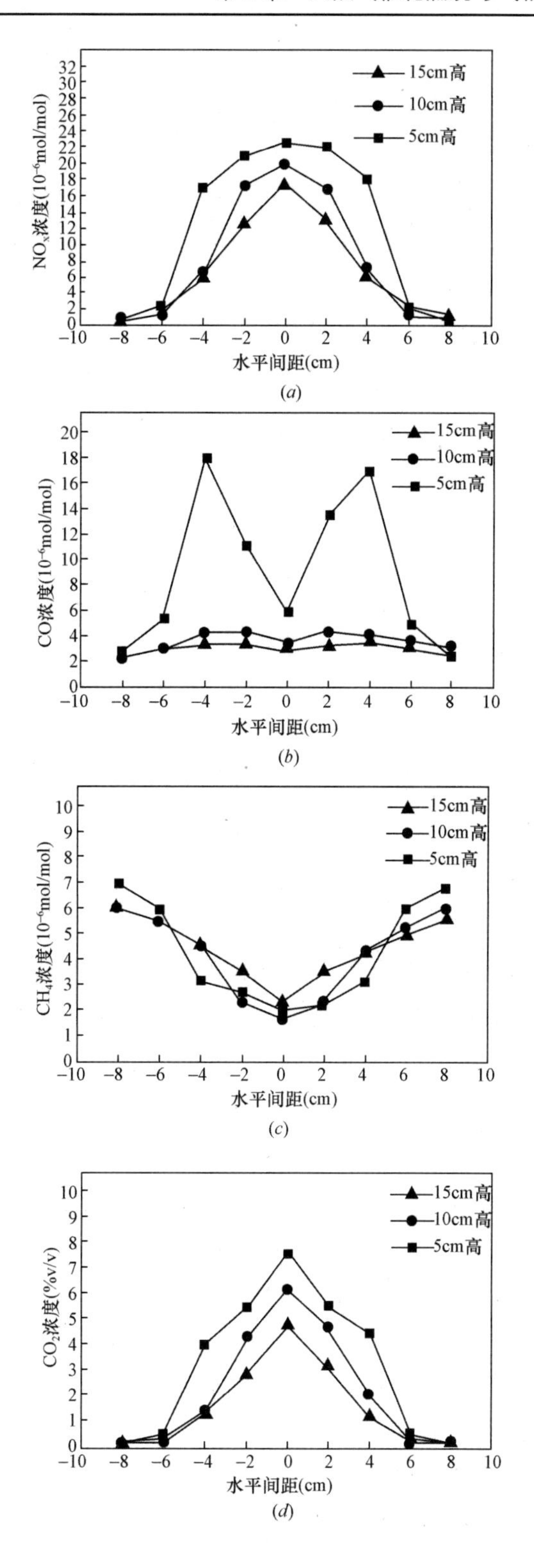

图 3-9　不同高度下每种气体的分布状态

多的 CO、NO_x。由图 3-9（*a*）中可以看出 NO_x 的浓度随着高度的增加而减少，说明 NO_x 正在被大气所稀释而同时逐步地向周围扩散。图 3-9（*b*）中所示 CO 的扩散速度更快，在 15cm 高度处就已经接近原始浓度，可见大量的 CO 也已经被大气稀释。而在 CH_4 的曲线图中可以看到（如图 3-9（*c*）所示）在水平 10cm 处的 CH_4 浓度高于大气中的原始浓度，这表明在普通燃烧的条件下有部分 CH_4 在燃烧的过程中没有被利用就被排放到大气中，由此可以看出普通燃烧方式存在 CH_4 转化的不完全（耿博潇等，2010）。

对比温度分布与烟气分布如图 3-10 所示也可以看出部分烟气的扩散趋势与温度梯度基本吻合。

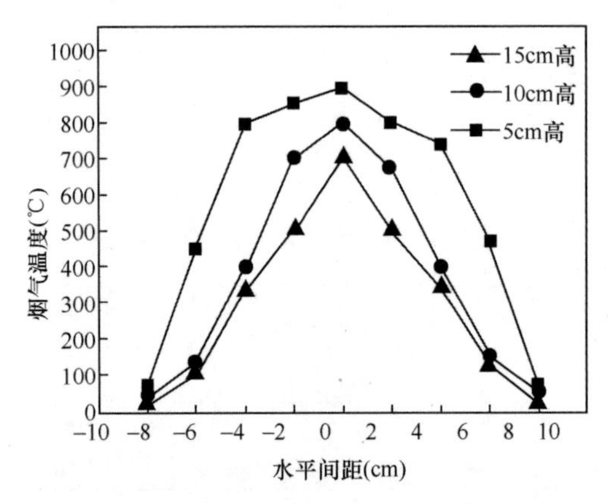

图 3-10　不同高度下的温度分布

在家用燃气灶进气管线上也装上燃气流量计用来记录燃气流量，将燃气灶调整到最佳燃烧状态，在火焰中心正上方选取三个点进行测量，将收集烟气的吸口调到离燃气灶喷嘴中心点正上方 5cm 处，此处为火焰外焰的正上方，作为第一个测量点，依次在不同燃气流量下进行燃烧并测量烟气；在高度为 10cm 和 15cm 两点处重复上述实验，测出烟气分布情况如图 3-11 所示。

从图 3-11 中可以发现 NO_x、CO、CO_2 的浓度随着测量高度的增加而减小，由于燃气灶在大气中为扩散式气相燃烧，所以烟气浓度被大气逐渐稀释。尽管烟气被大气所稀释，但污染物的排放仍然高于催化燃烧。在 5cm 处测得的甲烷含量较低，但在 10cm 和 15cm 处甲烷含量要高于大气中甲烷的含量，这说明在气相燃烧的条件下，有部分 CH_4 在燃烧的过程中没有被利用就被排放了，可以看出气相燃烧方式存在能源上的浪费。

所以相比于燃气热水器和家用燃气灶，催化燃烧有很高的燃烧效率和近零污染排放的优越性，但催化燃烧炉的结构还存在一定的问题，需要进一步的改进，这样可以更好地利用燃料燃烧时产生的热能。

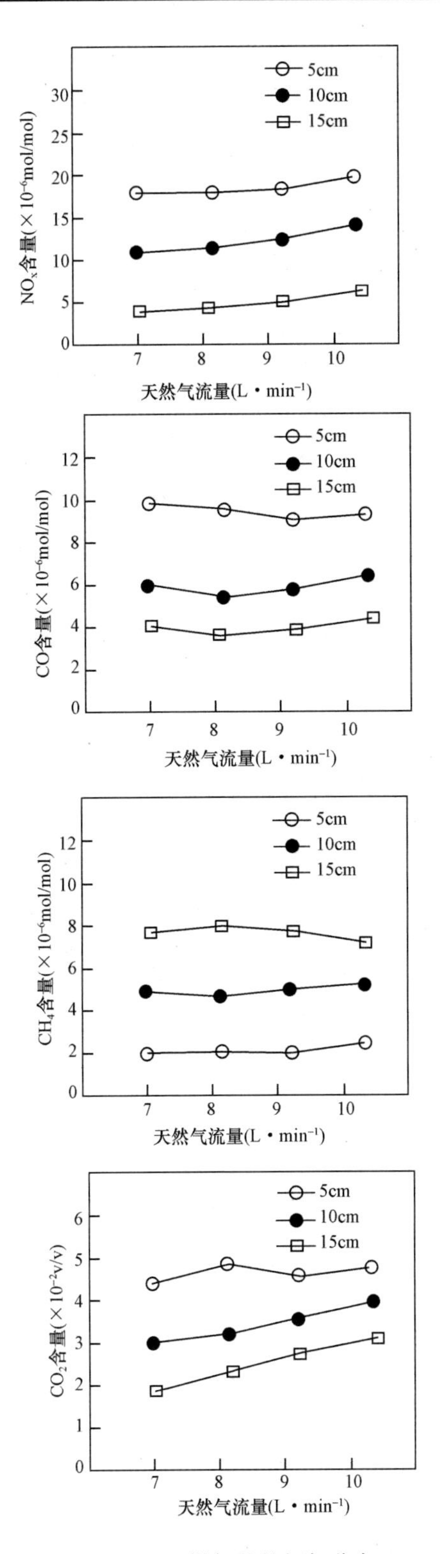

图 3-11　燃气灶的烟气分布

3.4.3 天然气燃气灶在不同火焰燃烧工况下烟气分析

本实验的目的是研究天然气燃气灶在燃烧工作时其喷嘴中心周围烟气浓度的分布情况。本实验测定燃气流量计显示 5L/min 时的烟气浓度，将烟气收集管进口处，调至燃气灶中心点的正上方 5cm。选取此处为第一个测点，然后保持高度不变，沿着水平方向向左移动（以水平右方向为正），以天气灶中心点每隔 2cm 为一个测点，直至距离中心点 8cm 为最远处，这样共有 5 个测点。本实验只测燃气喷嘴中心左侧的数据，如果不考虑室内风向等因素的影响，理论上两侧数据应呈现对称分布。

再将燃气灶中心点的正上方 10cm 处，采用同种测量方式选取 5 个测点，同 15cm 高度的 5 个测点，本实验总共有 15 个测点。每个测点测量时间为 10min，待烟气分析仪稳定下来，记录数据，每个点所测内容包括 NO_x、CO、CO_2、CH_4的浓度。

本实验的目的是研究家用天然气燃气灶的情况。通常对燃气灶的研究实验会选择燃气灶燃烧效率最高的工况。即通过调节空燃比将燃烧的火焰调至完全蓝焰。为了进一步了解家用燃气灶的烟气污染状况，本实验选择与家用燃气灶运行时候相近的工况进行研究，通过调节空燃比，分别研究完全蓝焰、四周蓝焰而中心部分黄焰、大部分黄焰三种工况下的烟气浓度分布情况。这样可以更深入地了解家用燃气灶在日常工作时真实的烟气污染状况。

首先通过调节燃气灶的空燃比，使得火焰呈现蓝色火焰状态。由于燃气灶的燃烧方式为大气式燃烧，烟气会在灶具的上方向四周扩散，所测得的烟气含量并不是所有全部的烟气总量，仅仅为所测得烟气含量中的很小部分。但这一小部分烟气也足以说明目前的家用燃气灶在燃烧中存在着较多的污染物。

根据图 3-12 中所示，CO 的气体浓度随着高度的升高而减少，表明 CO 正在逐步扩散到大气当中，对大气造成污染。当达到 15cm 的高度时，已经与大气中 CO 的浓度相差无几。CO 在焰心处燃烧最为充分，因此随着横坐标移动到－4cm 的时候，周围因不完全燃烧而产生的 CO 达到峰值，而后因远离燃烧火焰，根据扩散的规律逐步向大气中扩散，CO 的浓度也因而变小。

CH_4随着远离焰心的横坐标距离而不断上升，从焰心横坐标－4cm 处，便已接近并超过大气中的原始浓度，代表着越远离焰心地方 CH_4燃烧越不完全，CH_4还没有被充分利用便被排放到大气中去，说明目前的天然气燃气灶燃烧效率差强人意。

可以看出 NO_x 的浓度随着高度的增加而减少，亦随着远离火焰中心的横坐标增加而减小，焰心点 NO_x 浓度远高于大气中的含量，说明天然气普通燃烧产生

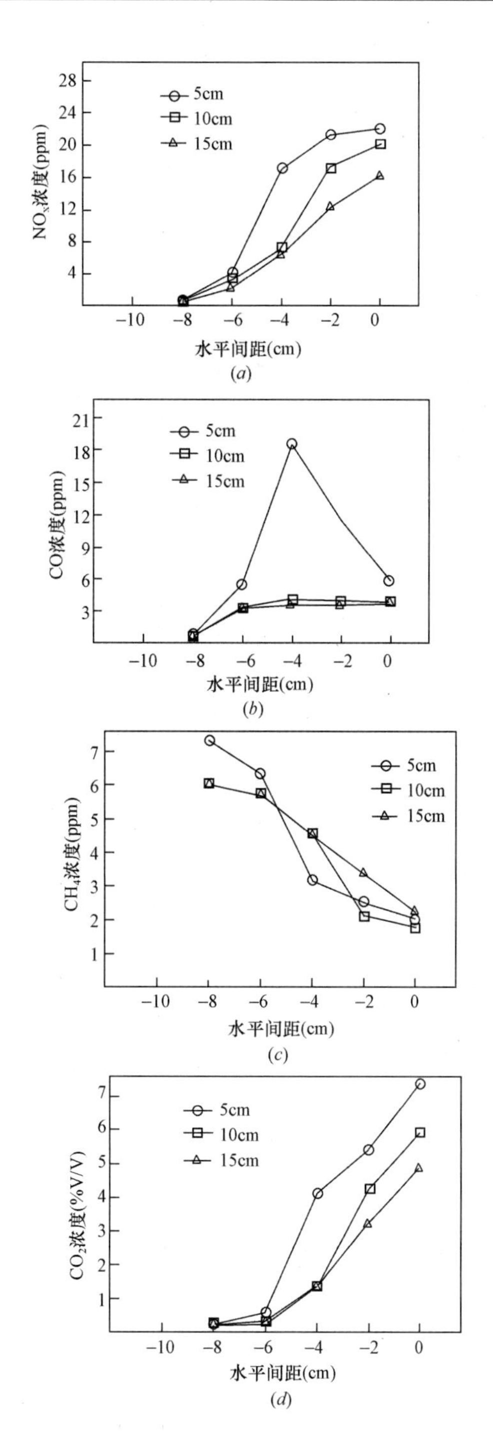

图 3-12　天然气燃气灶蓝色火焰烟气浓度

(a) 蓝色火焰烟气浓度表 (NO_x); (b) 蓝色火焰烟气浓度表 (CO);
(c) 蓝色火焰烟气浓度表 (CH_4); (d) 蓝色火焰烟气浓度表 (CO_2)

了大量污染物 NO_x，随着远离火焰中心，NO_x 污染物含量越来越低，说明已经逐步地扩散到周围的大气当中，这使得我国主要城市的首要污染物正在向 NO_x 过渡。

二氧化碳与 NO_x 的扩散趋势大致一致，火焰中心有大量的 CO_2 产生，然后逐步被大气所稀释向周围扩散，释放到大气中引起气候变化。

在日常的生活当中，我们使用天然气燃气灶时并不将其火焰调整至完全蓝焰，我们通过调整空燃比，减小过量空气系数，使得火焰变为下述工况：四周基本为蓝色火焰，火焰中心为黄焰。火焰越黄，燃烧越不充分，我们研究在甲烷燃烧不够充分时，烟气中污染物的浓度。

根据图 3-13 中烟气浓度所示，燃烧不充分的情况下，烟气中 NO_x 和 CO_2 的烟气浓度趋势与蓝焰时基本相同，但是数值大大增加。在不完全燃烧的情况下，通过"CO_2浓度远高于蓝焰"这种现象，可以看出部分蓝焰时过量空气系数降低。NO_x 生成量大大增加，在灶眼上方 5cm 处高达 45ppm，仪器在超过 25ppm 时开始警报，说明 NO_x 的浓度已经对人体造成危害。部分蓝焰时，甲烷浓度在火焰正上方 5cm 处达到 20ppm，说明甲烷燃烧不完全，大量甲烷未经燃烧直接逸入大气当中。CO 在贫氧状态下燃烧不充分，无法全部转化为 CO_2，因而有大量 CO 无法被氧化直接作为污染物排放至大气中，趋势与 NO_x 和 CO_2 一致，随着高度和横坐标远离焰心，浓度越低，说明大量未被充分燃烧的 CO 直接扩散到大气当中，对大气造成污染。在灶眼上方 5cm 的 CO 烟气浓度高达 2570ppm。已经超过 600ppm，对人体健康造成极大威胁。

通过调整空燃比，继续减小过量空气系数，将火焰调至几乎全部黄焰，我们进一步对甲烷在燃烧程度更低的情况下所释放出的烟气进行研究。

经过研究图 3-14 可以得出，不完全燃烧程度更大的情况下，与部分黄焰时的烟气分布趋势基本相同，但是 CO、NO_x、和 CO_2 等烟气的浓度更大，说明燃烧越不充分，污染物的浓度越大。NO_x 分析仪在灶眼上方 5cm 横坐标为－2cm 测量时依然发出警报，烟气已经扩散到大气一部分，剩下的 NO_x 依然足以对人造成危害。CO 在灶眼上方 5cm 处，高达 20200ppm，已经远远超过对人体构成危害的 600ppm，可以引起一氧化碳中毒。甲烷在灶眼上方 5cm 处达到 638ppm，说明很大一部分甲烷未经燃烧，就被排放到大气当中，造成环境的破坏，并且是极大的能源浪费。家用燃气灶运行时，大部分是黄焰的工作状态。得到第三组数据时的运行情况与家用天然气灶工作时候状况非常相像，说明家用天然气污染很大，对大气环境和人体健康都造成了极大危害。

实验中可以看出，天然气燃气灶在日常运行的情况下，会产生大量的有害气体。在氮氧化物（NO_x）的浓度超过 25ppm 时，烟气分析仪会对实验者发出警报，

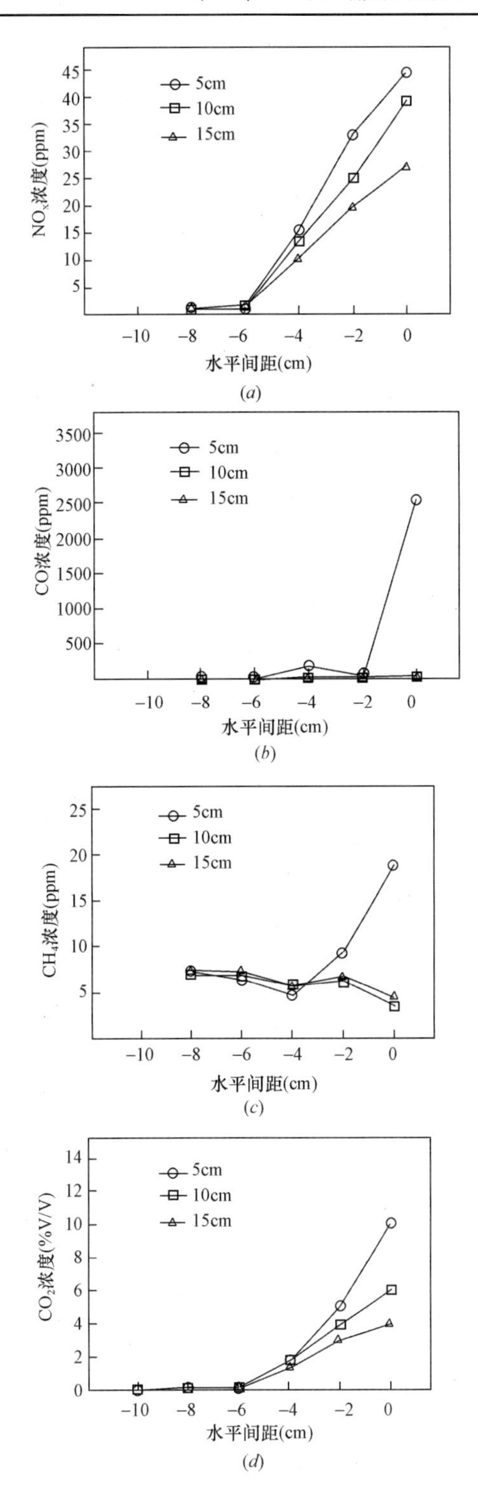

图 3-13　天然气燃气灶部分蓝焰烟气浓度

(*a*) 火焰部分蓝焰烟气浓度表（NO_x）；(*b*) 火焰部分蓝焰烟气浓度表（CO）；(*c*) 火焰部分蓝焰烟气浓度表（CH_4）；(*d*) 火焰部分蓝焰烟气浓度表（CO_2）

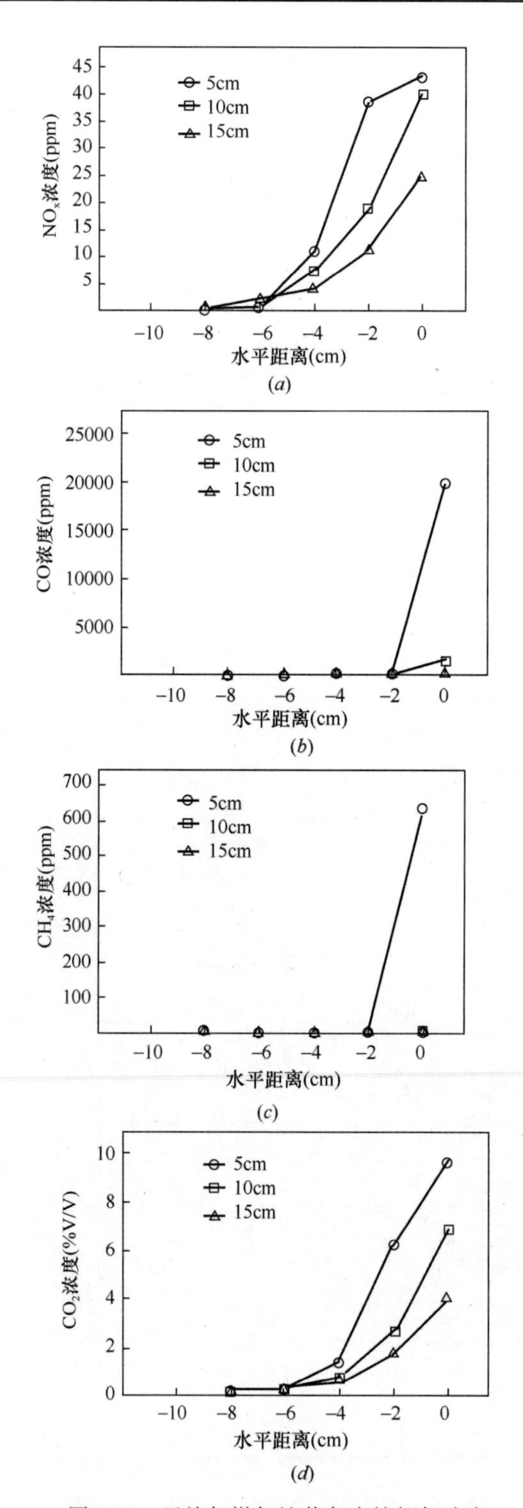

图 3-14　天然气燃气灶黄色火焰烟气浓度

(a) 蓝色火焰烟气浓度表 (NO_x)；(b) 黄色火焰烟气浓度表 (CO)；

(c) 黄色火焰烟气浓度表 (CH_4)；(d) 黄色火焰烟气浓度表 (CO_2)

说明 NO_x 的浓度已经能够对人造成危害。以往的实验认为燃气具有良好的燃烧性能，燃烧比较完全，故排烟中一氧化碳（CO）的含量也比较少（耿博潇，2010），但是在天然气燃气灶日常炊事状况下火焰呈黄色时，CO 浓度可以达到 20200ppm，远超过 CO 对人体造成伤害的最低浓度（600ppm）。

传统的燃烧方式下，天然气在日常运行时燃烧效率低，烟气中有害成分多，对大气造成了极大的污染，造成环境恶化，气候变化。并且有害成分会对人体造成伤害（张世红等，2012）。

目前已知的新型燃烧技术有从“引射混合、敞开燃烧”向“扰动混合、封闭燃烧、强化传热”改变的新结构技术；也有“精控火候”技术，根据不同气源的压力、热值对燃气火焰进行调整；还有燃烧效率将近 100%的近零污染排放的催化燃烧技术。将其与传统燃气灶进行结合，是重要课题。

3.5 催化燃烧Ⅵ型炉与燃气热水器烟气排放及节能特性研究

催化燃烧Ⅵ型炉的烟气分析系统如图 3-15 所示，本次实验采用了四块独石并排的催化燃烧器，所用独石为堇青石蜂窝陶瓷，独石内表面上镀着钯（Pd）和铑（Rh）催化剂，独石采用正方形截面尺寸为 150mm×150mm，厚度为 20mm。

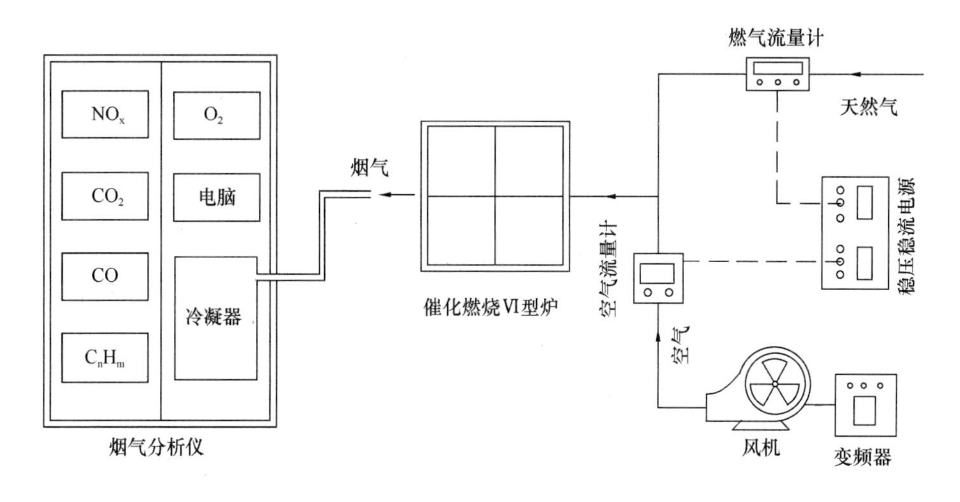

图 3-15　催化燃烧Ⅵ型炉的烟气分析系统

实验过程中在预混腔与催化独石之间加入了四块堇青空白独石，燃烧器剖面简图如 3-16 所示。独石孔道尺寸 1mm×1mm，壁厚 0.18mm，软化温度为 1380℃。每块镀催化剂独石在催化燃烧过程中所能承受的最大输入功率为 5kW。

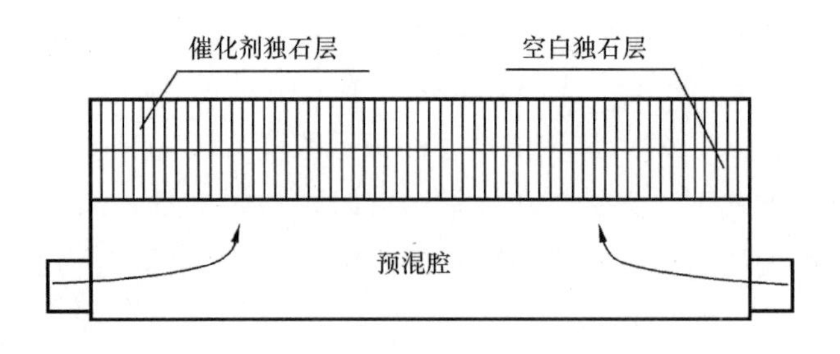

图 3-16　燃烧器剖面结构

在催化燃烧器点火前需要对燃烧器内部的混合腔利用风机进行吹扫 5min 左右，来保证内部无残留的燃气。点火过程中，先将过量空气系数调整到 1.3 左右进行气相燃烧从而达到预热的目的，期间观察催化剂独石表面待表面火焰基本消失且内部变为红色时，将空气量调大使过量空气系数达到 2.0 左右，此状态为催化燃烧的稳定燃烧状态。此时，通过烟气分析仪测量排放的烟气，待数据稳定后进行记录。催化燃烧Ⅵ型燃烧器催化燃烧状态见图 3-17。

图 3-17　催化燃烧Ⅵ型燃烧器催化燃烧实拍状态图

图 3-18（*a*）显示了全预混燃气热水器的烟气分析系统图，该热水器在过量空气系数分别为 1.1 和 1.3 两种情况下被点火进行实验；图 3-18（*b*）显示了强制排烟式燃气热水器的烟气分析系统图，在过量空气系数为 1.3 的情况下进行气相燃烧，当所有热水器都进入稳定的气相燃烧状态时，通过烟气分析仪分别进行测量和记录烟气数据。

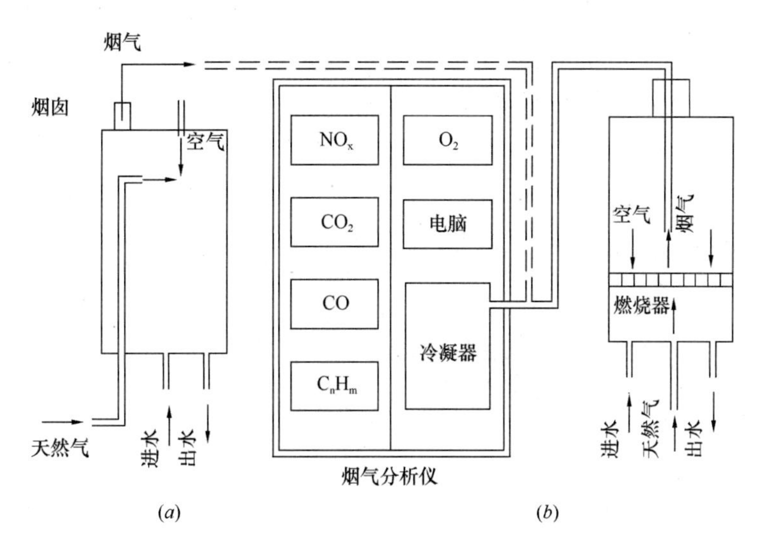

图 3-18 气相燃烧方式下两种燃气热水器装置的烟气分析系统图

（a）全预混燃气热水器；（b）强制排烟式燃气热水器

3.5.1 催化燃烧与全预混气相燃烧的排放特征

从图 3-19（a）可以看出烟气中产生的 NO_x 含量很低，这是因为催化燃烧和气相燃烧两者都是在小功率工况下进行的，气体的温度约为 1000℃，根据 NO_x 的生成机理，该温度较低还没有达到生成大量快速型 NO_x。但在对全预混热水器的实验中发现，在过量空气系数 1.1 和 1.3 两种情况下，随着燃气流量的增加，NO_x 的含量有逐渐上升的趋势，而催化燃烧Ⅵ型炉烟气中 NO_x 的含量几乎为零。

催化燃烧烟气中 CO 的含量是非常小，接近于零。从图 3-19（b）中看出催化燃烧Ⅵ型炉的燃烧效率很高，燃料燃烧非常充分，热量的损失很小。而全预混燃气热水器在火焰燃烧方式下，产生的 CO 要高于催化燃烧，且图中 CO 的最大排放达到了 150ppm，说明天然气的气相燃烧不够完全，产生的大量 CO 没有被完全氧化。

图 3-19（c）中显示催化燃烧的烟气含量中未参加反应的碳氢化合物几乎没有，这说明催化燃烧的燃烧效率非常高，接近 100%。图中发现火焰燃烧方式下，烟气中 C_nH_m 的含量在 39.3～428ppm，同时随着燃气流量的增大有上升的趋势。这也证明了气相燃烧方式下燃料的转化率是要低于催化燃烧的。

对于全预混燃气热水器，当过量空气系数从 1.3 调到 1.1 时，燃料的转化率会升高，烟气中 CO 的含量也急剧下降，但此时炉膛内的温度非常高，从而导致

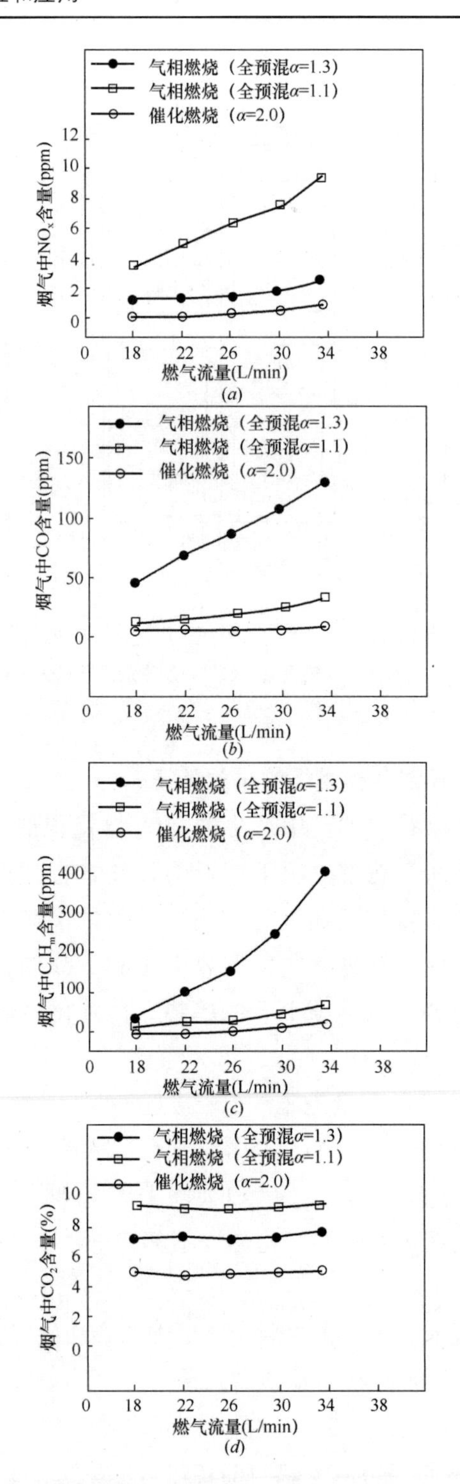

图 3-19 催化燃烧与气相燃烧（全预混，α=1.3 和 1.1）在不同燃气流量下烟气排放情况

（a）烟气中 NO_x 含量；（b）烟气中 CO 含量；（c）烟气中 C_nH_m 含量；（d）烟气中 CO_2 含量

快速型 NO_x 的含量急剧的上升，且此时热水器工作时会发出一定的噪声，火焰燃烧时的颜色由蓝色逐渐变成了深红色（Shihong Zhang 等，2011）。

3.5.2　非全预混气相燃烧的排放特征

对于强制排烟式燃气热水器（非全预混气相燃烧），在过量空气系数为 1.3 的情况下，测量的烟气情况见图 3-20。

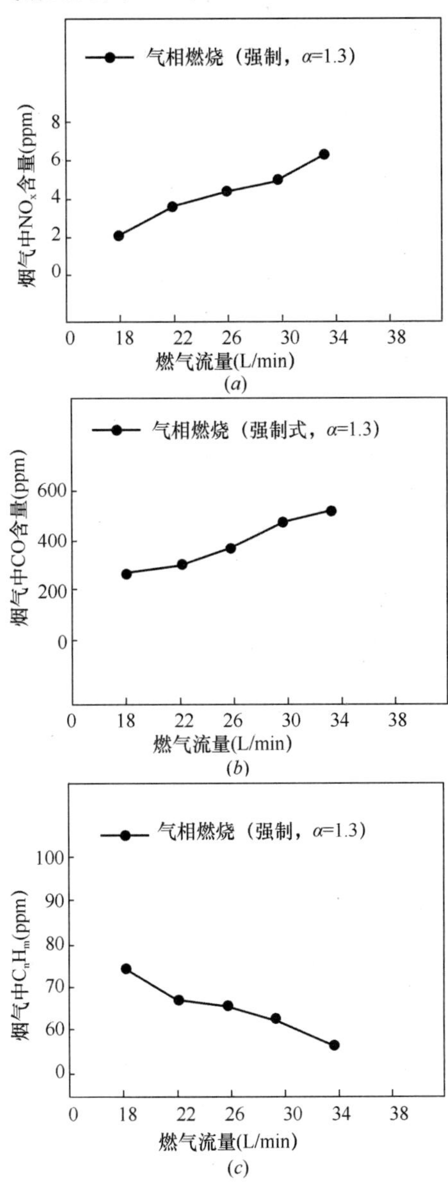

图 3-20　气相燃烧（强制式，$\alpha=1.3$）在不同燃气流量下烟气排放情况（一）

（*a*）烟气中 NO_x 含量；（*b*）烟气中 CO 含量；（*c*）烟气中 C_nH_m 含量；

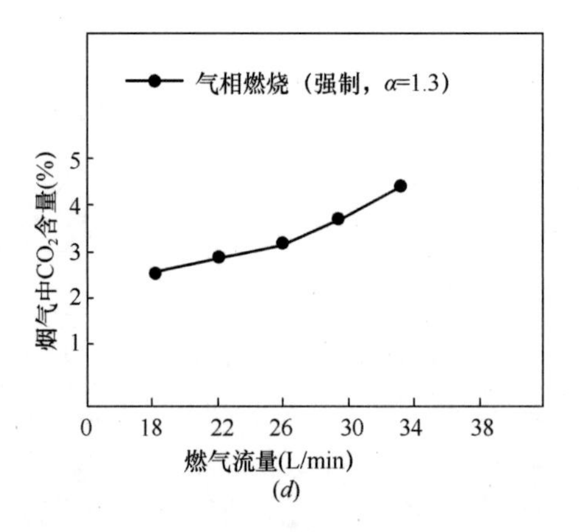

图 3-20　气相燃烧（强制式，$\alpha=1.3$）在不同燃气流量下烟气排放情况（二）
（d）烟气中 CO_2 含量

由于理论情况下 CO_2 的含量应该是 7%～8%，但在大空间下实际测量值更低，这说明产生的烟气被大气稀释过。但在烟气被稀释过的情况下，热水器烟气中污染物的排放依然要高于催化燃烧Ⅵ型炉（王智华，2012）。

催化燃烧Ⅵ型炉的通道内烟气中 CO、NO_x、C_nH_m 的含量是极其微小的，说明催化燃烧过程能达到近零污染排放。

通过以上的分析可知催化燃烧的燃烧效率为 100%左右，但是气相燃烧过程中产生了大量的 CO 和未参加反应的 C_nH_m，说明燃料燃烧不够充分，没有完全氧化。可以看出热水器在三种气相燃烧情况下存在着燃料不同程度的浪费，通过数据的比较也说明催化燃烧在节能方面有着优势，也证明了异相催化燃烧的燃料转化率要高于气相燃烧。

3.6　结论

目前天然气的气相燃烧情况并不完善，存在着能源的浪费，需要对其进行必要的改进和开发新的燃烧技术。而催化燃烧烟气中 CH_4 和 CO 的含量几乎为零，天然气的热能利用率接近于 100%。

两种燃烧方式烟气中 NO_x 的含量都很小，但是随着燃气流量的增加气相燃烧温度会很高，这也会产生大量的热力型 NO_x，对环境造成污染，所以相对气相燃烧来说，催化燃烧具有燃烧稳定和良好的环保效果。因此，催化燃烧技术具有高效的燃烧效率和近零污染排放的双重优点。

参考文献

[1]　杜娟，田成文，范庆伟．催化燃烧技术研究进展及其应用[J]．节能，2006，(2)：37-39.

[2]　耿博潇，张世红．天然气普通燃烧中 NO_x、CO 和未完全燃烧 CH_4 排放的研究[J]．北京建筑工学院学报 2010. 9.

[3]　刘蓉，刘文斌．燃气燃烧与燃烧装置[M]．北京：机械工业出版社，2009.

[4]　王智华．气相燃烧烟气分布及催化燃烧瞬态行为规律的研究[D]．[硕士学位论文]．北京：北京建筑工程学院，2012.

[5]　张世红，彭笑，颜龙飞．家用天然气燃气灶在不同火焰燃烧工况下烟气污染物的研究[J]．化工展，2012，pp 234-238.

[6]　Shihong Zhang，Zhihua Wang. Research on energy-saving and exhaust gas emissions compared between catalytic combustion and gas-phase combustion of natural gas. World Renewable Energy Congress 2011 - *Sweden*. 8-11*May*.

第 4 章　天然气催化燃烧瞬态行为的研究

近年来，关于催化燃烧的稳态行为，在数值和实验上的研究已经有了很深的见解，但是关于它的瞬态行为，特别是催化燃烧启动时一些关键问题的研究仍然受到限制。

4.1　实验装置

本节通过实验的手段，以实验室催化燃烧Ⅵ型炉为对象，研究了富天然气/空气混合物在催化燃烧炉启动过程中镀贵金属蜂窝独石通道内燃烧的烟气温度和烟气成分的变化规律。实验中催化燃烧Ⅵ型炉是在过量空气系数为 1.3 的气相燃烧状态下被点火。利用滞止点流动反应器，在一个大气压和稳定的状态下，用实验和计算机模拟来研究富天然气/氧气/氮气混合物的催化燃烧机理，得出气相燃烧的燃料转化率和 CO 的选择性状况。该滞止点流动反应器很好地验证了实验中催化燃烧Ⅵ型炉的实验结果。在催化燃烧炉启动的实验过程中，使用热电偶温度计和烟气分析仪，每隔 1min 分别测量出独石通道内的烟气温度和烟气成分数据，分析数据并研究它们随着启动时间的顺序有何规律变化。

图 4-1 显示了催化燃烧Ⅵ型炉启动过程实验装置图，为了降低预混腔内的温

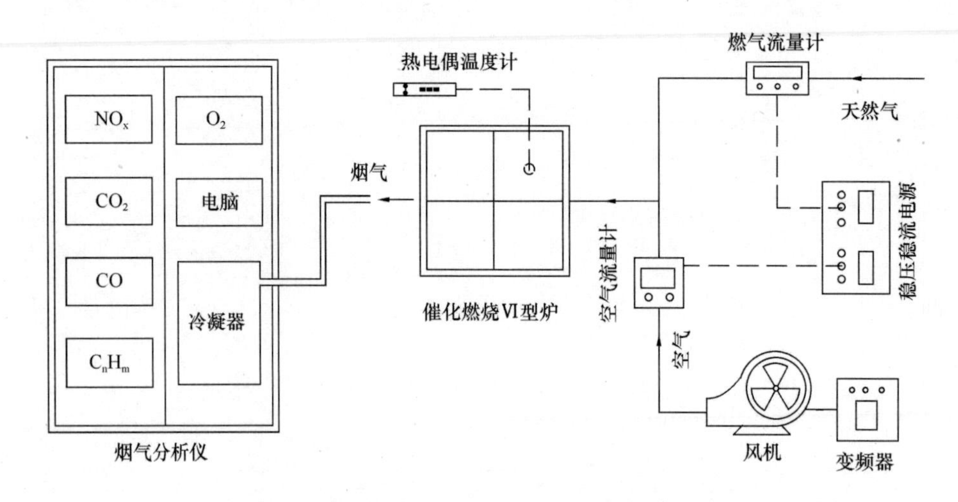

图 4-1　催化燃烧Ⅵ型炉启动过程实验装置图

度，防止气体被引燃，实验中在预混腔体与催化独石之间加了一层空白独石，起到一定的隔热和保温效果。以富天然气/空气混合物进入空白独石入口处记为零点（H=0mm），在 H=15mm 处利用热电偶温度计测量了独石通道内的烟气温度，如图 4-2 所示。

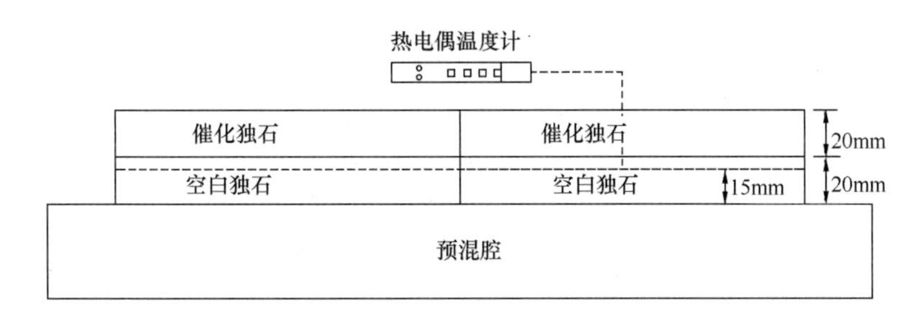

图 4-2　催化燃烧通道内烟气温度测量示意图

4.2　实验操作

点火之前，将测量温度和烟气的装置准备好，打开变频风机对整个系统的管道和催化燃烧炉进行吹扫 5min，确保系统内没有残留的天然气存在。在启动过程中，首先调节风机的变频器将空气流量调到 7m^3/h，然后打开燃气阀门手动调节燃气流量为 9.5L/min，此时燃气与混合气体的比例为 7%左右，过量空气系数为 1.3，立即点火，并开始计时，记为 0 点。每隔 1min 记录下通道内烟气瞬时温度和烟气成分，期间观察催化剂独石表面待表面火焰基本消失且内部变为红色时（约第 10min 时），调节变频器将空气流量调到 11m^3/h，保持燃气流量为 9.5L/min，使过量空气系数达到 2.0 左右，之后达到了催化燃烧的稳定燃烧状态。此时，热电偶温度计和烟气分析仪一直在记录着数据，直到第 16min，停止记录数据，关闭燃气阀门，实验停止。

4.3　催化燃烧瞬态行为的研究

保持燃气流量为 9.5L/min 不变，实验重复做了两次（循环 1 和循环 2），每个实验周期为 16min，点火瞬间记为 0 点时刻，用热电偶温度计的 0.5mm 探头测量了通道内的瞬时烟气温度，在独石通道出口处用烟气采集管收集和测量了烟气成分。

图 4-3 显示了在催化燃烧炉启动过程中随着时间增加独石通道内的烟气温度变化趋势。整个启动过程时间是 0～16min，从图中可以看出在 0～13min，温度

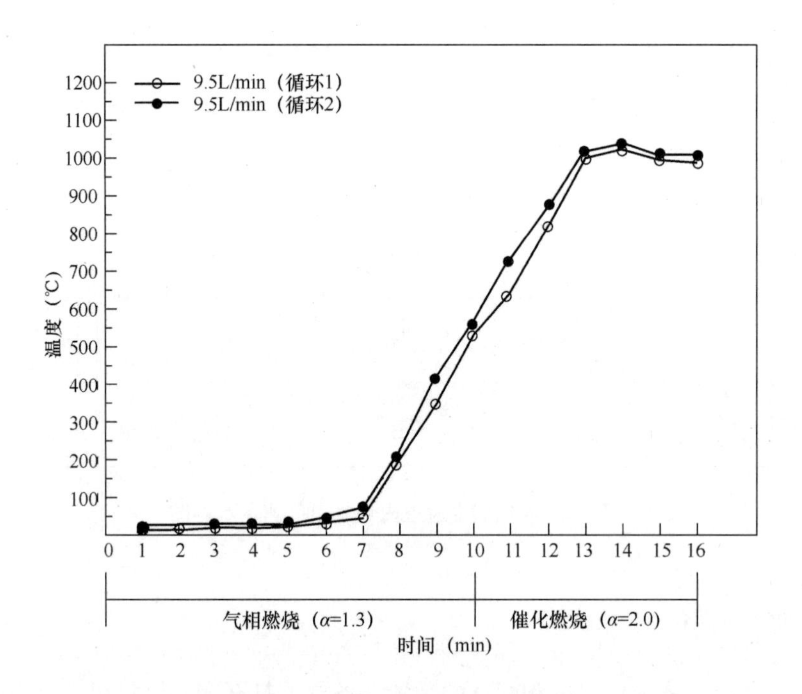

图 4-3　催化燃烧Ⅵ型炉通道内烟气温度随反应启动时间的变化规律

是逐渐升高的，14～16min 温度趋于稳定不变，这是由于反应逐渐由气相火焰燃烧方式转化为稳定的异相催化燃烧状态，在第 14min 时温度达到了最高约 1080℃。

图 4-4 显示了在催化燃烧炉启动过程中随着时间增加烟气成分的排放情况。图 4-4（*a*）是 NO_x 的排放情况，0～3min 在催化独石烟气出口处检测出 NO_x 含量逐渐升高，在 3～8min 时间段其含量又逐渐下降，这是由于在启动过程中一开始是气相火焰燃烧，通道出口处出现火焰，随着反应的进行，3min 后火焰又逐渐消失了。等到 8min 后 NO_x 排放又逐渐上升，此时独石通道内的温度在逐渐的升高，反应逐渐向着催化状态转变。但总的来说，NO_x 的排放不是很高（低于 3ppm），因为实验中天然气流量不是很大，通道内的温度很低，没有达到产生大量快速型 NO_x 的温度。

在启动过程中，燃气与混合气体的比例为 7%左右，根据化学反应方程式 $CH_4+2O_2=CO_2+2H_2O$，该反应前后总体积是不变的，所以烟气中 CO_2 的比例应该也是 7%～8%左右。图 4-4（*b*）中显示了 10min 之前气相燃烧状态下 CO_2 的比例为 8%左右，当反应达到稳定的催化燃烧状态时，CO_2 的比例下降为 6%，根据过量空气系数可知，以上对烟气中 CO_2 含量的分析是合理的。

图 4-4（*c*）显示了在反应启动过程的 0～10min 内烟气中 CO 的含量是急剧

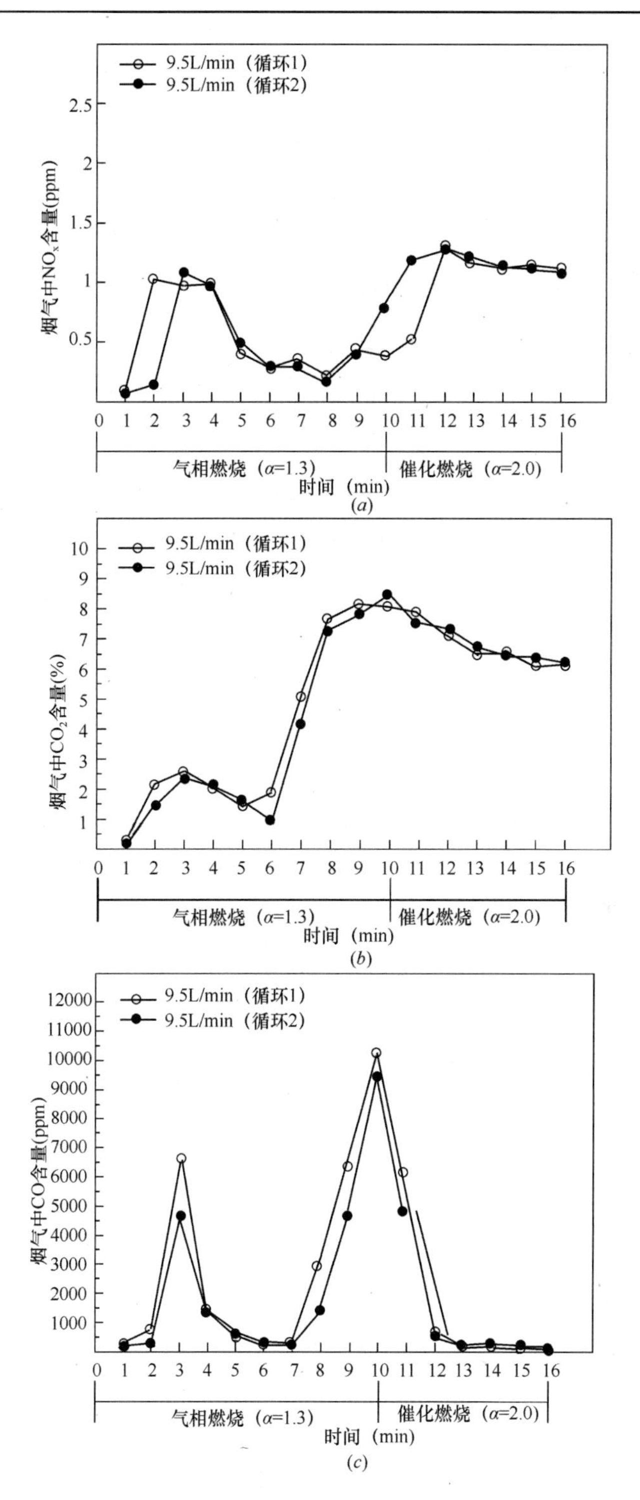

图 4-4　催化燃烧Ⅵ型炉通道内烟气成分随反应启动时间的变化规律

(*a*) 烟气中 NO_x的变化；(*b*) 烟气中 CO_2的变化；(*c*) 烟气中 CO 的变化

的上升，由于这段时间催化通道内的温度相对较低，且过量空气系数为1.3，所以反应不够完全，产生大量的CO。10min后，当催化反应逐渐达到稳定的燃烧状态，过量空气系数调为2.0时，烟气中CO的含量急剧下降直到接近于零。

在启动过程的0～10min内，烟气中CO和CO_2都出现了先上升后下降的趋势，这是由于在反应一开始是火焰燃烧，温度较高，到3～7min后，燃烧火焰又逐渐消失，反应逐渐向催化燃烧状态转变。同时，烟气采集管里面存在一定的空气稀释了烟气的含量，直到7min后，整个采集管里面才充满了烟气（Zhihua Wang等，2013）。

催化状态下烟气各成分的含量 **表4-1**

时间（min）	CH_4（ppm）	CO（ppm）	CO_2（%）
11	5.22	5088	7.4
12	5.03	830	7.0
13	4.25	145	6.7
14	4.22	162	6.3
15	4.14	6.06	6.2
16	4.27	5.41	6.0

在启动过程中，气相燃烧产生的CO含量要远远高于催化燃烧，CO的最大含量达到了11000ppm，这说明天然气在气相燃烧过程没有氧化完全；10min后，由于催化剂的作用，使得燃料的起燃温度低于常规燃烧的温度，反应逐渐趋于稳定的催化燃烧状态，烟气中未参加反应的甲烷数据如表4-1所示，甲烷基本反应完全，CO完全氧化成CO_2，烟气接近零污染排放。

对于以上烟气成分的测试，在滞止点流动反应器中已经得到验证，得出了气相燃烧的燃料转化率和CO的选择性状况（Shihong Zhang等，2013）。

4.4 催化燃烧器改进后的瞬态行为研究

催化燃烧是完全预混的燃烧方式，燃气和空气在着火前预先按化学当量比混合均匀，其火焰传播能力很强，所以在完全预混燃烧时很容易腔内发生引燃，为了防止腔内引燃，必须尽量使气流的速度场均匀，为了使燃烧器安全稳定运行，在燃气进入燃烧器之前设置一燃气水封槽，可有效防止引燃现象。

本实验中催化燃烧Ⅵ型炉在长时间的催化燃烧状态下存在引燃现象，实验过程中，由于实验的要求，当催化燃烧功率加大时，该燃烧效率很高，反应比较迅速，催化燃烧独石背面对预混腔的辐射很强，导致燃烧器预混腔内的温度上升，Ⅵ型炉预混腔内的水冷却系统不能满足降温的要求，同时，该燃烧器运行时间较长，其腔体内部气流组织分布不太均匀，燃气/空气混合气体的出火口处流速不均匀，从而发生引燃。

针对催化燃烧Ⅵ型炉存在的问题，预混腔入口处到空白独石通道的进口这一空间范围内温度仍然很高，所以预混腔内部的热量有很大一部分会通过对流方式传播到环境中，造成了热量的浪费，且由于陶瓷对于空间内气体及壁面的辐射作用，热量的流失程度会大大提高。基于这些特点，对催化燃烧Ⅵ型炉内部结构进行了改造，在预混腔内部空间加入铜管铝翅片式换热器，本实验室称之为Ⅷ型燃烧器（见图4-5）。利用铜管内部的低温水将预混腔内热量带走，降低温度，防止燃气引燃，这样既可以避免引燃的发生，又可以利用这部分热量。

图4-5　催化燃烧Ⅷ型燃烧器

对于催化燃烧Ⅷ型燃烧器，采用了和研究Ⅵ型炉同样的方法，分析了富天然气/空气混合物在催化燃烧炉启动过程中镀贵金属蜂窝独石通道内燃烧的烟气温度和烟气成分的变化规律（王智华，2012）。

由于Ⅷ型炉在大功率条件下可以稳定的燃烧，不会发生引燃现象，所以实验中燃气流量选用了两个工况，分别为9.5L/min和18L/min。每个工况实验重复做了两次，每个实验周期为16min，点火瞬间记为0点时刻，用热电偶温度计的0.5mm探头测量了通道内的瞬时烟气温度，见图4-6。在独石通道出口处用烟气采集管收集和测量了烟气成分，见图4-7。

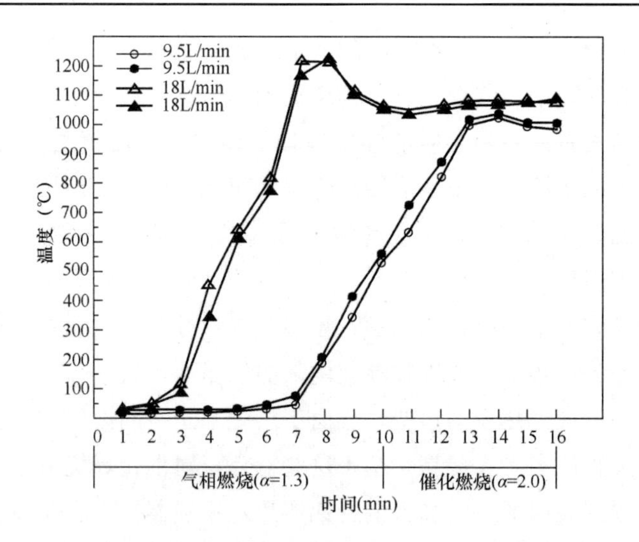

图 4-6　催化燃烧Ⅷ型炉通道内烟气温度随反应启动时间的变化规律

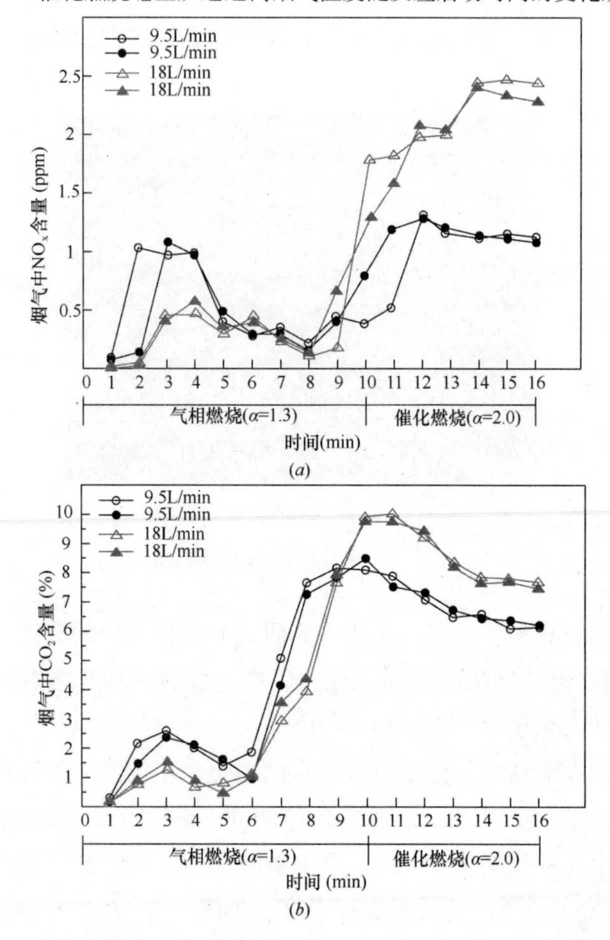

图 4-7　催化燃烧Ⅷ型炉通道内烟气成分随反应启动时间的变化规律（一）

（a）烟气中 NO_x 的变化；（b）烟气中 CO_2 的变化

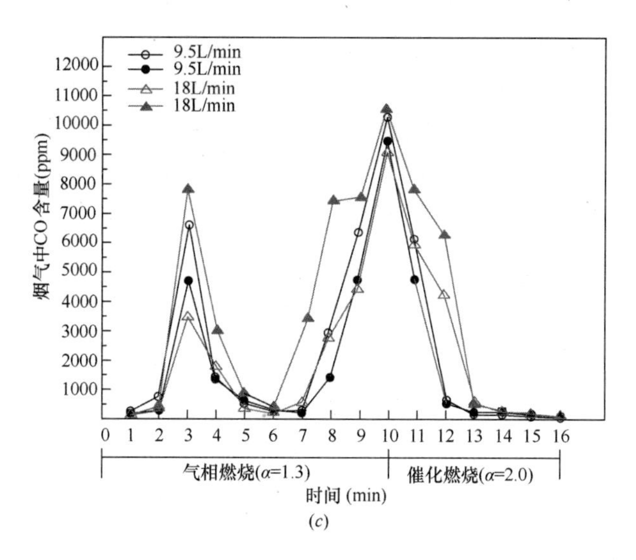

图 4-7　催化燃烧Ⅷ型炉通道内烟气成分随反应启动时间的变化规律（二）

（c）烟气中 CO 的变化

4.5　结论

本节主要讨论了富天然气/空气混合物在催化燃烧炉启动过程中镀贵金属蜂窝独石通道内燃烧的烟气温度和烟气成分的变化规律。通过以上实验结果发现通道内烟气温度随着反应启动时间变化是逐渐上升的，第 13min 后，当达到稳定的催化燃烧状态时，烟气温度基本保持不变。在启动过程中，反应达到稳定的催化燃烧状态之前，产生了大量的 CO；当进入稳定的状态之后，烟气中 CO 的含量接近于零。同样的在催化燃烧Ⅷ型炉中测试的结果基本是一样的，由于催化反应的进行需要经过气相燃烧的预热，催化燃烧首先必须通过火焰燃烧点火，反应一段时间逐渐向其转化，在这段时间内，烟气中确实存在大量 CO 和未参加反应的碳氢化合物产生。因此，催化燃烧启动过程的深入研究，对于催化燃烧在实际中的应用具有重要意义。

参考文献

［1］　王智华．气相燃烧烟气分布及催化燃烧瞬态行为规律的研究[D]．北京：北京建筑工程学院，2012.

［2］　Shihong Zhang，Zhihua Wang. 2013. COMBUSTION EFFICIENCY INSIDE CATALYTIC

HONEYCOMB MONOLITH CHANNEL OF NATURAL GAS BURNER START-UP AND LOW CARBON ENERGY OF CATALYTIC COMBUSTION。Frontiers in Heat and Mass Transfer[J]. DOI：10. 5098/hmt. v4. 2. 3005. Available at www. ThermalFluidsCentral. org.

[3] Zhihua Wang，Shihong Zhang. Research on exhaust gas temperature inside catalytic honeycomb monolith channel of natural gas burner start-up. Advanced Materials Research Vol. 621(2013) pp 223-227，ISBN：978-3-03785-561-4.

第 5 章　天然气低碳催化燃烧设备的应用

铂表面的异相反应抑制了气相氧化反应程度，提高了单相点燃的表面温度。在此理论的指导下，以催化燃烧机理和应用研究为课题，对近零污染物排放，催化剂中毒特性和贫天然气/空气混合比如何调节等问题进行了深入的工业产品和产业化研究，开发研制了催化燃烧设备。

在我国的能源结构中，传统化石能源所占比例很大，消费总量不断增长，但利用效率很低，排放带来的环境污染问题十分严重；与之互补的优质能源和清洁能源供应不足，开发利用效率很低，现阶段尚不能满足经济发展的需要。因此，在未来的一段时间内，传统化石能源仍然是国内能源消耗的主要类型。

有关研究表明 PM2.5 约 60%来源于燃煤、机动车燃油、工业使用燃料等燃烧过程，23%来源于扬尘，17%来源于溶剂使用及其他。由此可见，能源的使用方式对雾霾的产生具有巨大影响。

随着对环境问题的日益重视，迫切需要传统化石能源高效率、低排放的利用方式，天然气催化燃烧技术应运而生。催化燃烧是一种新技术，具有高效节能、排放物近零污染的特点，与传统能源使用相比，具有很强的环保优势；与其他新能源相比，经济性的优势很明显。

5.1　天然气催化燃烧Ⅴ型冷凝锅炉

天然气催化燃烧Ⅴ型冷凝锅炉系统如图 5-1 所示，低温烟气处为入水口，高温烟气处为出水口。采用二级铜管铝肋片换热器，靠近燃烧器的一级换热器以辐射换热为主，二级换热器以对流换热为主。

实验使用多功能热量表（西门子 WFP21）对锅炉进出水的各项数据进行测量，采用 1h 为测量周期。使用量筒对冷凝水量进行测量。

在催化燃烧Ⅴ型冷凝锅炉效率实验中，通过固定燃气流量固定锅炉输入功率，调节水流量进行锅炉的热效率实验。实验结果如图 5-2 所示。

催化燃烧Ⅴ型冷凝锅炉的热效率接近甚至超过了 100%，主要是因为计算天然气发热量时使用了天然气低热值，而催化燃烧Ⅴ型锅炉利用了燃烧产物中水蒸气的液化潜热，这部分热量是不计算在燃气的低热值中的。实验中，在热效率超

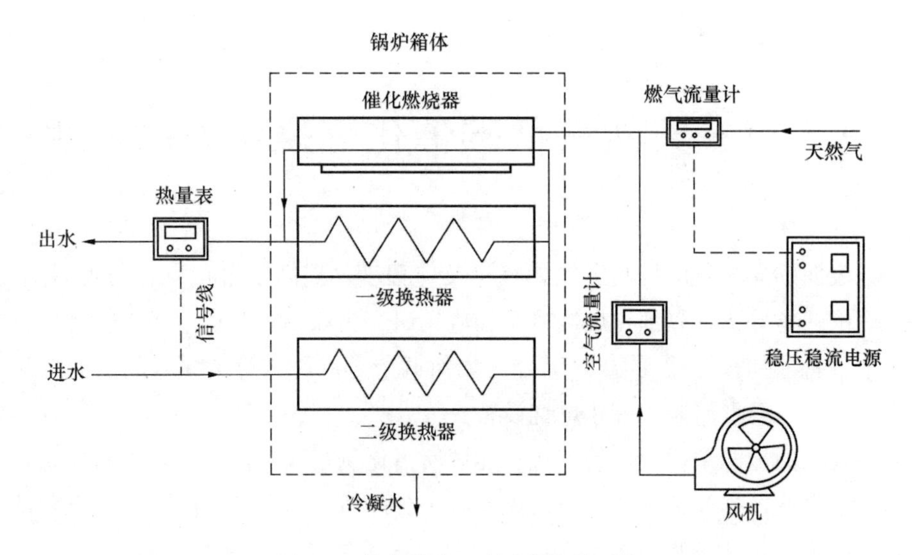

图 5-1 催化燃烧Ⅴ型冷凝锅炉系统

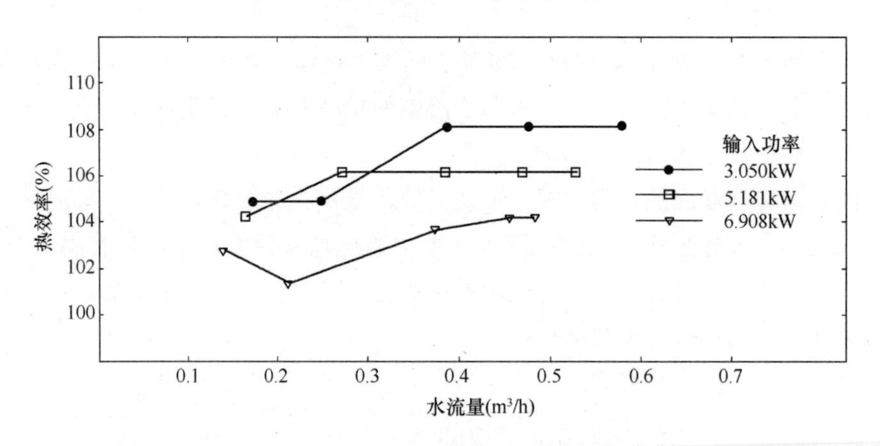

图 5-2 定功率变水流量热效率变化曲线

过 100%时，水的最大温升为 45℃。在小输入功率、大水流量的情况下，催化燃烧Ⅴ型冷凝锅炉在测得的最高热效率达到了 108%，温升 8℃。通过室温及室内空气湿度查看一个大气压下的焓湿图，排烟温度降低至接近当时空气的露点温度（张世红等，2009）。

5.2 天然气催化燃烧烤箱

5.2.1 烤制米龙牛肉

催化燃烧烤箱结构示意见图 5-3，其箱体是由不锈钢制作而成，内部容积为

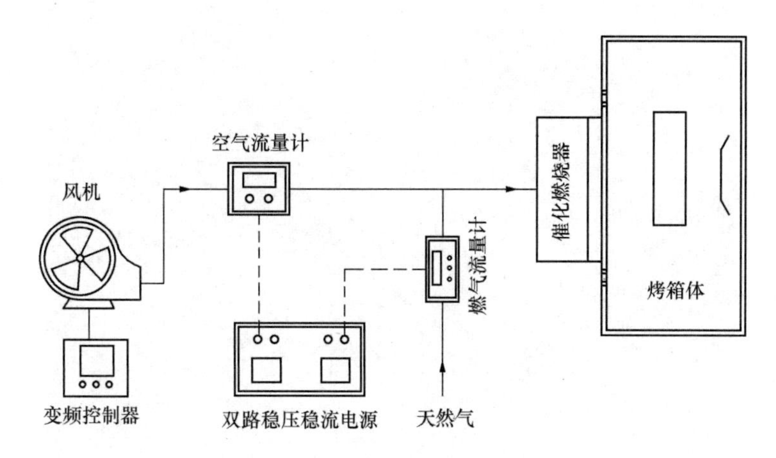

图 5-3　催化燃烧烤箱结构图

100×60×60cm³，中间有玻璃观察孔，箱体内顶部有半径为 25cm 圆轮肉架，内部设有三层不锈钢多孔垫，底层放置拖油板。顶部和侧面设置两个通气球阀，底部设有通风烟囱，烤箱体一侧外接催化燃烧器。在催化燃烧过程中，辐射热从催化燃烧器表面到箱体内，在箱体内进行热传递，燃烧所产生的烟气经烟囱和排烟阀排出。

电烤箱的额定电压：220V，额定频率：50Hz，额定功率：1000W，内表面的容积为 30×30×20cm³，可以长时间以 250℃左右加热食品。

利用天然气催化燃烧炉作为热源来烘烤食品，同时与普通电烤箱做了一些比较，虽然电烤箱本身并无污染，但电能是二次能源，电的产生本身就带有污染物的排放，而催化燃烧炉有害气体排放量接近为零。并且催化烤箱烤出的食品的干净程度与电烤箱一样，对食品本身没有任何污染。

但催化燃烧和电在同一功率下费用要节约许多，而普通电烤炉的发热管的面积无法同催化燃烧器的辐射面积相比，所以在催化燃烧烤箱中食物能够更好地接受高温辐射所传来的能量。

实验过程中采用同一块米龙牛肉分成质量近似的两块：（a）204g；（b）174g。初始状态，两块肉分别为 204g 和 174g，可以从表面看出两块为相同鲜度，重量近似肉色鲜红，肉纤维排列有序，纤维组织较粗，含有少量脂肪。对催化燃烧系统进行点火，通入燃气量为 10.4L/min。10min 后催化燃烧烤箱达到稳定的催化燃烧反应，用热电偶通过通气阀门深入到烤箱体内测得温度为 197.3℃。

实验结果为催化燃烧烤箱所烧烤出的食品如图 5-4 所示。

实验结果为电烤箱所烧烤出的食品如图 5-5 所示。

图 5-4　放入催化燃烧烤箱内加热 35min 后的肉（a）（见彩图）

图 5-5　电烤箱中 45min 后的肉（b）

感官综合评定：(a) 口感鲜嫩，清爽，柔软汁多，容易嚼烂，气味更明显，肉香味诱人；(b) 外皮层口感偏老，干燥，柴瑟，肉香味道不明显。

通过实验可以看出，催化燃烧烤箱有多种优点，投入成本低、节能，加工出的食品味道鲜美，可以让食物均匀受热，无污染，适用于食品加工业（张世红等，2010）。

5.2.2 烤制鸭肉

本次实验的主要实验材料是经过专业处理的鸭肉，采用挂炉烤制，由于在鸭肉的烤制过程中会产生大量的油脂，所以在旋转托盘上设置一不锈钢盘，以承接溢出的油脂，并在其底部设有鸭油排出装置，及时将油脂排出炉外。为保证实验之后的烤鸭更加卫生，本实验所有器具都经过反复洗涤，以防止实验器具污染实验材料和影响实验效果。

众所周知，烤鸭作为我国的传统美食，以肉质鲜美多汁、表皮酥脆、入口即化等特点著称，但是由于烤鸭在传统制作过程中需要燃烧大量的木炭或天然气，而这种传统的烤制方式将会导致大量的污染物生成，其产生的烟气对大气影响尤为严重，烟气是气体和烟尘的混合物，是污染居民区大气的主要原因。传统的制作过程中利用枣木或者果木直接明火烘烤，由于木材燃烧会产生大量的诸如SO_2、CO、CO_2以及燃料的灰分，且皮下脂肪熔化溢出会不可避免地滴落到火上或炙热的炉膛内，发生热氧化反应、热分解反应及热聚合反应，产生含有多环芳烃的火焰，从而粘附在食品表面，污染食品（姜新杰，2001）。因此，烟气对环境的污染是多种毒物复合的污染，对人体的危害甚大，并且也是导致雾霾天气的因素之一。而天然气催化燃烧烟气干净，污染物极少，且稳定燃烧时是无焰燃烧，使溢出的脂肪达不到热分解反应的条件，且在托盘底部设有鸭油排出装置，及时排出溢出的脂肪。

传统的烤制方法既不利于环境保护，也不利于食品安全。而天然气催化燃烧技术以其低碳、环保和高效的特点可以完美地解决传统烤制过程中所带来的环境问题，若能将催化燃烧技术应用于烤鸭的烤制，则可以在一定程度上缓解在环境污染方面的巨大压力。因此，本书在催化燃烧烤炉保证烤制肉类食品质量的同时也分析了催化燃烧对诸如SO_2、CO、CO_2等污染气体排放量问题。

与传统的气相燃烧火焰烘烤产生大量的NO_x和CO相比，利用催化燃烧进行烘烤基本不会产生NO_x和CO。这是由于温度是限制NO_x的决定因素。本实验的烧烤温度在250℃左右，低于NO_x的生成界限。实验过程中炉内发生完全氧化，所以不形成CO和未完全燃烧的碳氢化合物。因此，利用催化烤箱进行烧烤是十分环保的。

利用天然气催化燃烧炉作为热源来烘烤食品，在催化燃烧烤箱中食物能够更好地接受高温辐射所传来的能量。

催化燃烧烤箱所烧烤食品如图5-6所示。本实验利用催化燃烧所产生的温度进行肉质的烧烤。首先，将处理过的鸭子放入催化烤箱中，将燃气量调到5.0L/min，空气量调到$3.7m^3/h$。大约15min炉内发生完全的催化燃烧，此时将空气

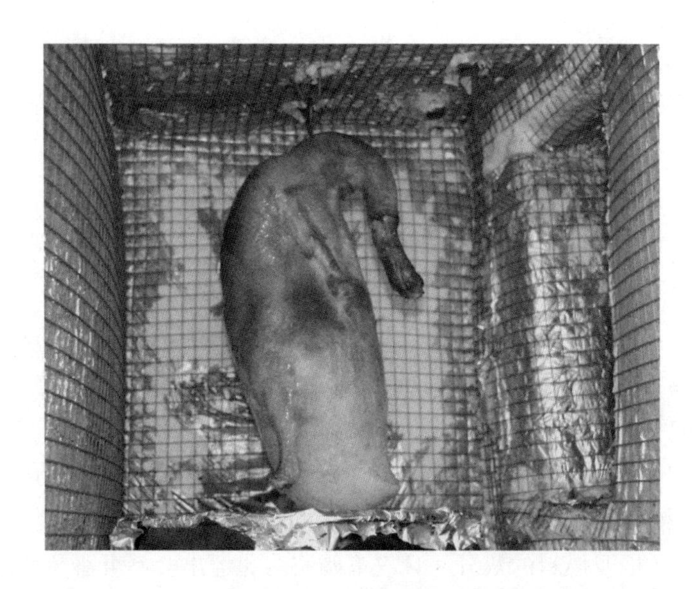

图 5-6　催化燃烧烤箱内

量调到 5.7m^3/h。此时温度稳定上升，当温度升高到 150℃左右时关闭炉门。由于实验过程中需要不断进行开门观察，而过多地打开炉门将导致炉内整体温度的下降，进而影响试验质量，故经反复试验，将开门间隔定在 15min 一次，在开门之后对鸭肉的色泽、成熟程度进行观察和记录。烤鸭正对辐射面的部分颜色首先开始焦黄，油脂的渗出量也比其他部位多，所以，为了保证烤鸭色泽均匀，利用旋转托盘在每次开门的时候都将烤鸭旋转 180°，在 45min 的实验过程中可以让烤鸭的各个侧面均能正对辐射面 15min，从而改善实验效果。

预先处理好的鸭子，悬挂至天然气催化燃烧炉中，无明火，鸭子靠热辐射烤制，环境清洁、无烟，干净卫生，污染小。烤制过程中不易烤焦变黑，也不易沾染木炭燃烧的尘埃。工艺上操作相对简单，对操作人员掌握火候的技术要求不高。

经剖开检查，鸭肉肉质最厚的胸脯、大腿根部也都熟透，如图 5-7、图 5-8 所示。

图 5-7 催化燃烧炉所烤制的烤鸭的特点，渗出大量油脂，外表干净，受热均匀，外皮油亮酥脆，晶莹剔透，无焦痕，也无糊迹，色泽相对较浅，呈焦黄色，肉质洁白、细嫩。

烤出的烤鸭外皮酥脆，虽皮下剩余的油脂量感官上多于传统挂炉烤制的烤鸭，尝起来肉质也没有挂炉的干，但口味鲜美，滑嫩多汁，肥而不腻，且外焦里嫩，皮与肉不易分离。

表 5-1 是全聚德烤鸭执行标准 Q/DXQJD004—2003 中的感官指标，天然气

图 5-7 催化燃烧烤箱内加热 45min 后的食品

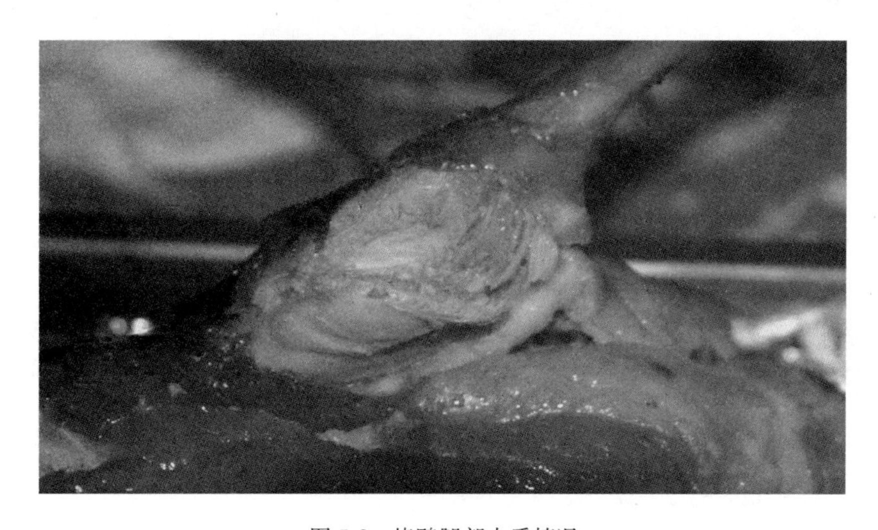

图 5-8 烤鸭腿部肉质情况

催化燃烧烤箱烧制的烤鸭，可与之媲美且肉质鲜嫩多汁。

感 官 指 标 **表 5-1**

项 目	特 点
色泽	外呈枣红色，内呈乳白色，油润光亮、色泽均匀
组织状态	肌肉压之无血水
口感风味	肉质纤细、香而不腻、味道鲜美

天然气催化燃烧是一种新型的燃烧方式，具有天然气燃烧完全、燃烧效率高、近零污染物排放等优点，是一种环保节能的燃烧方式。本书主要利用催化燃

烧Ⅴ型烤箱进行肉食加工的应用实验，来验证关于催化燃烧技术在肉类食品加工方面应用的可行性，并对催化燃烧烧制出的成品进行了分析。以烤鸭为例，综合说明利用催化燃烧烤箱烧制的肉类食品比传统烧制方法更节能、更环保，并且在口感和质量上比传统方法烧制的烤鸭有特色。

由于催化燃烧技术燃烧热效率高，烧制时间缩短到45min左右，在批量生产中较传统方式节约了大量能源；在烧制过程中不会产生大量的烟气，对大气不会造成太大的影响，CO的生成量控制在10ppm之内，实现了对环境的保护；由于催化燃烧技术燃烧状态稳定，与火焰燃烧相比辐射均匀，保证食品的成熟程度，在杀灭病菌的同时保证了良好口感。

经各方品尝整理本次实验结论有以下几点：

（1）经催化燃烧Ⅴ型烤箱烤制出的鸭肉在色泽上鲜艳亮丽，无焦糊，无受热不均，油脂渗出量大。

（2）经品尝，传统果木烤鸭相比之下肉质较干，皮下脂肪存留较少，而通过催化燃烧Ⅴ型烤箱烤制的烤鸭肉质鲜嫩多汁，鸭肉口感肥而不腻。

（3）在烤鸭刚刚烤制成功时，烤鸭表皮酥脆，入口即化，后因油脂渗出过多又加之没有及时清理，所以导致烤鸭表皮逐渐软化，但在软化之后表皮韧性有所增加，并未出现入口肥腻的感觉（张世红等，2015）。

以上就是关于催化燃烧技术在肉食加工方面的应用，实验证明无论是从环保节能的角度，还是从食品安全的角度上来讲，利用催化燃烧技术的制作方法均优于传统的制作方法，因此天然气催化燃烧技术在烤制食品加工方面的应用有广阔的前景。

5.3 天然气催化燃烧炉窑

天然气催化燃烧Ⅴ型炉窑系统如图5-9所示，本次实验采用了两块独石并排的催化燃烧器。所用独石为堇青石蜂窝陶瓷，独石内表面上镀着钯（Pd）和铑（Rh）催化剂，独石采用正方形截面尺寸为150mm×150mm，厚度为20mm。独石孔道尺寸1mm×1mm，壁厚0.18mm，软化温度为1380℃。系统中采用变频控制器来控制风机转速，手动控制天然气流量，采用质量流量计测量空气和天然气的流量，并采用双路稳压稳流电源（24～220 V）为流量计供电。

利用烟气分析仪（NO-NO_2-NO_x热电分析仪、CO/CO_2热电分析仪和碳氢化合物热电分析仪）测量催化燃烧和气相燃烧两种情况下的烟气成分及含量，对烟气的测量内容主要包括：NO_x、CO、CO_2分别所占的比例。催化燃烧的过量空气系数为2.0左右，烟气分析仪由一根塑料管与炉窑相连接，与炉窑相连接的一头

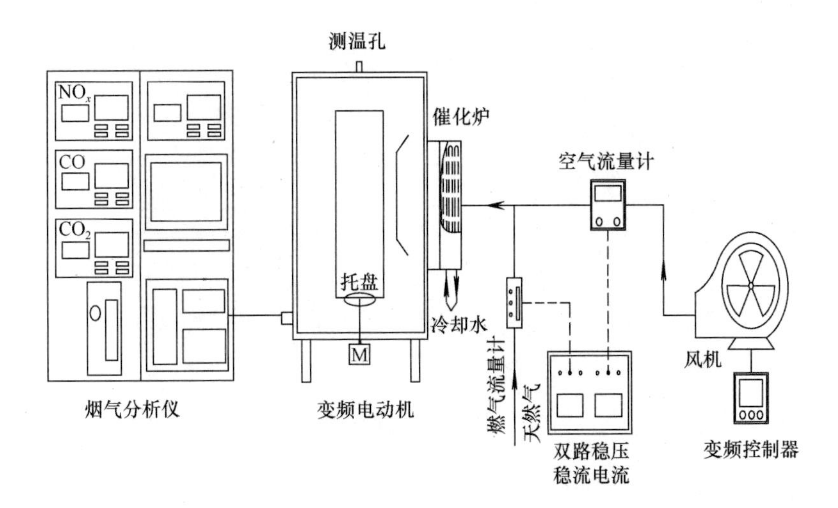

图 5-9　催化燃烧Ⅴ型炉窑系统

又接触一节细钢管，深入到炉窑内部。

炉窑正上部有一个测温口，将外部包有钢管的热电偶深入到炉窑内。炉窑内部的托盘用来放陶瓷使用，并用通过托盘下方安装的变频电动机转动，这样可以使陶瓷在烧制过程中均匀受热。

天然气催化燃烧高温热辐射烧制的唐三彩如图 5-10 所示，造型为扁平的装酒用的坛子，花纹流畅，浑厚质朴，表面泛出光泽，形成斑驳淋漓的多种光亮彩色，显出堂皇富丽的艺术魅力，变幻莫测的艺术效果，使唐三彩有一种超自然的神秘美感，利用此种方法烧制的唐三彩其色泽、质地均可与传统工艺相媲美。

图 5-10　天然气催化燃烧高温热辐射烧制的唐三彩（见彩图）

同时与电炉窑烧制的唐三彩做了一些比较，如图 5-11 所示。

图 5-11　电炉窑烧制的唐三彩

利用天然气催化燃烧炉窑来烧不带釉的瓷器如图 5-12 所示，烤盘周围的温度高达 600℃以上。

图 5-12　催化燃烧炉窑内烧成的不带釉的瓷器

通过实验可以看出，催化燃烧炉窑烧成的不带釉的瓷器表面光滑细致，可以作为装水的容器。

5.4　大型组合天然气催化燃烧炉

催化燃烧Ⅶ型炉是在催化燃烧Ⅴ型炉的基础上增大了燃烧器的输入功率，Ⅶ

型炉燃烧器的表面由 20 块独石组成，系统中采用变频控制器来控制风机转速，手动控制天然气流量，采用质量流量计测量空气和天然气的流量，并采用双路稳压稳流电源（24～220V）为流量计供电，如图 5-13 所示。

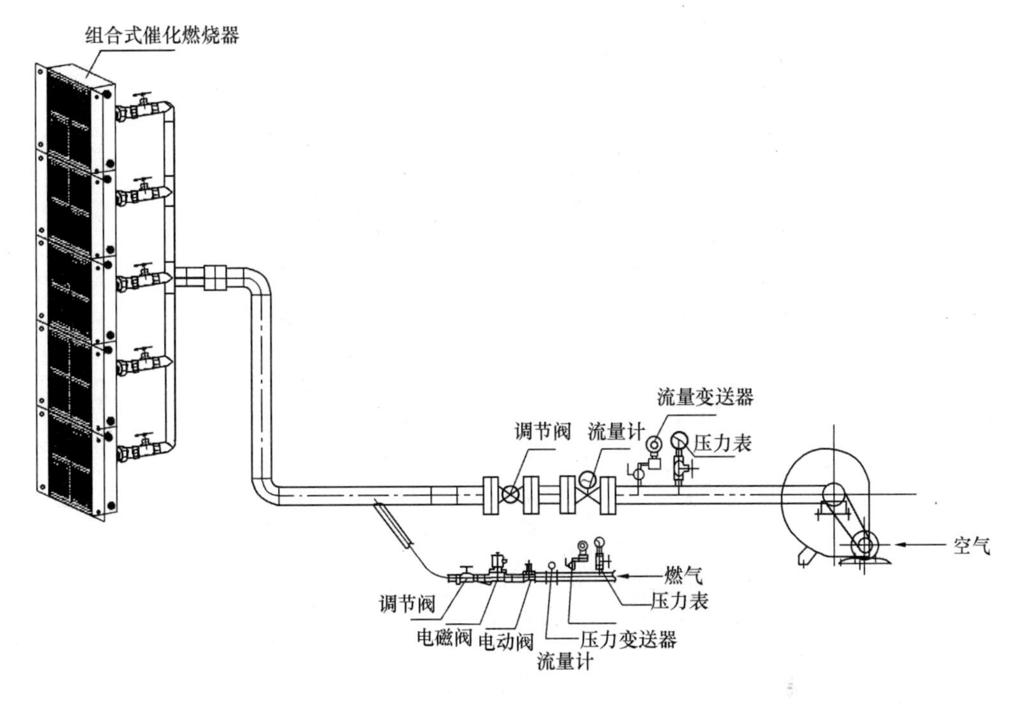

图 5-13　催化燃烧器Ⅶ型示意图

利用烟气分析仪（NO-NO_2-NO_x 热电分析仪、CO/CO_2热电分析仪和碳氢化合物热电分析仪）测量催化燃烧和气相燃烧两种情况下的烟气成分及含量，对烟气的测量内容主要包括：NO_x、CO、CO_2、C_nH_m分别所占的比例。催化燃烧的过量空气系数为 2.0 左右，目前的催化燃烧几乎已经达到了燃烧完全的程度和近零污染物排放。

图 5-13 为催化燃烧器Ⅶ型的工作示意图，催化燃烧器Ⅶ型是在以催化燃烧理论为基础上的一次新的尝试。以往的催化燃烧器都在小功率的条件下运行，运行最大功率也只能在 10kW 左右。而Ⅶ型燃烧器的设计功率为 100kW，它的出现为以后催化燃烧的大规模应用奠定了基础。

如图 5-14 所示，稳定工作时的催化燃烧器Ⅶ型的催化剂表面能够产生大量的辐射能量，若配合换热装置则能够开展催化燃烧供热工程，为催化燃烧的实际运用提供了条件。同时在稳定的工作状态下对催化燃烧器表面的烟气进行了测量（耿博潇，2011）。

图 5-14　催化燃烧器Ⅶ型稳定工作时的实验图

5.5　大型天然气催化燃烧炉窑

为进一步研究大功率催化燃烧炉窑的应用，特意制作Ⅸ型催化燃烧器，外带炉窑，其燃烧器以及其控制系统如图 5-15 所示。

图 5-15 中，燃烧器由 5 个Ⅷ型催化燃烧器并联组成，每个燃烧器均有翅片与紫铜管组成的水冷冷却器。工作时，燃气由市政管网先经过一个总的流量计控制，然后进入一个燃气总管道，再经过 5 个燃气流量计分配给 5 个燃烧器，每个燃烧器的燃气流量均可用阀门开关来控制，而空气由风机提供，经过一个总的空气流量计控制自然分配给 5 个燃烧器使用，每个燃烧器边上没有空气流量计，靠自然分配空气工作。所有的流量计都由稳流稳压器进行定压定流。图 5-15 中虚线部分为连接线。

燃烧器安装完成以后进入测试阶段，分别进行 1～5 个燃烧器的试烧，即开始一个燃烧器工作，其他燃烧器不工作，然后依次 2 个、3 个一直到 5 个燃烧器能共同工作。

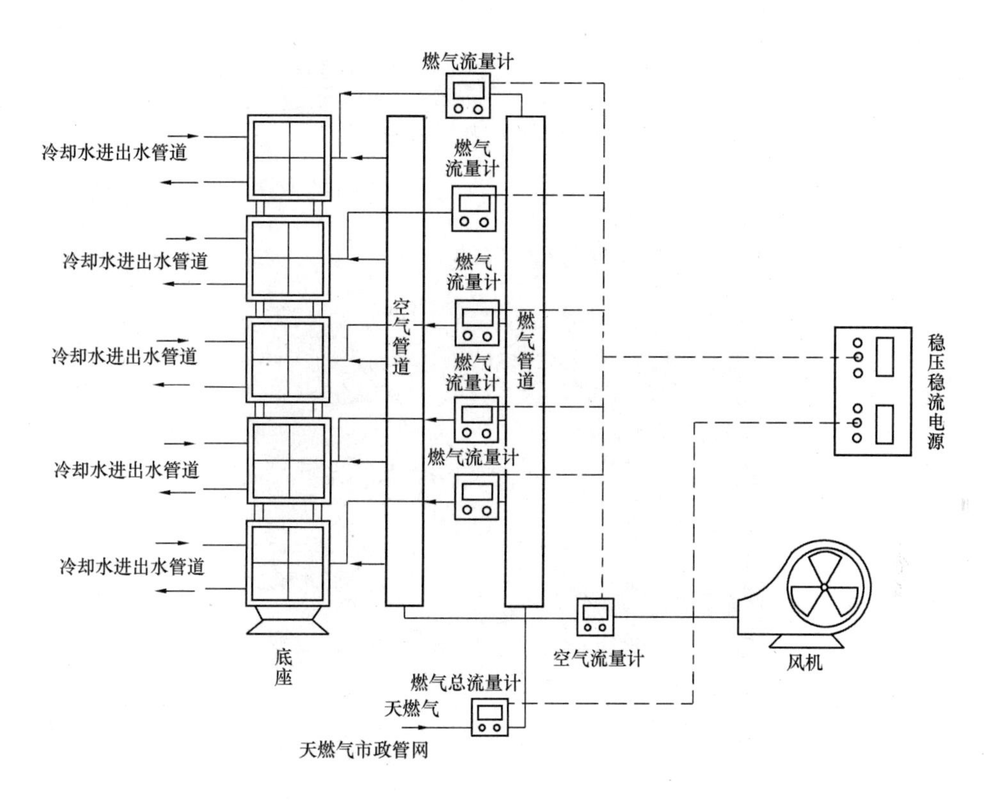

图 5-15　Ⅸ型催化燃烧器及其控制系统

炉窑用不锈钢结构制成，内部用石棉填塞以确保保温，然后用放火锡纸包裹，再加不锈钢钢丝作支架保护不致掉落。炉窑接燃烧器一侧开 5 个孔可供燃烧器接入，内部有一转盘由电机带动，并可调速转动。炉窑内部有一翅片管的换热器，外接循环水以调炉窑内部温度，换热器入水管处接有一个热量表以测量工作时的换热累计热量。炉窑燃烧器对侧开有 12 个可开闭的测温孔，底部开有 10cm 直径的烟囱 1 个以排烟，箱门上设有把手、观察孔、闭合夹。门缝处垫有石棉，确保门关闭时能很好地密封。

图 5-16 为窑体结构，下部四个支架是可活动支架，带有滚轮，箱体外侧可见箱门和测温孔。

在燃烧器与炉窑窑体连接处采用螺丝相扣的方法进行，窑体外焊接一个进口端，长 20cm，并在一侧设有挡板口，即在点火时可以开启，关火时可以闭合，以达到保温效果。进口段的外侧用石棉包裹以保温。

所有设备安装完成之后进行全面调试，经多次调试效果良好。其中采用每个燃烧器 10L/min 燃气量的时候，经过炉窑内换热器的换热，窑内温度可以降低到 300～500℃，可见换热效果显著（师兴兴，2013）。

图 5-16　炉窑结构及其工作图

5.6　结论

天然气催化燃烧实现了真正意义上的低碳脱硝排放，烟气经过高温而达到无菌且成分与新鲜空气相同。天然气催化燃烧在供热、食品工业、化工和炉窑、部分冶金行业和农业中因其燃烧的稳定性、完全燃烧和近零污染，可以发挥出普通燃烧不可代替的作用。

天然气催化燃烧高温辐射加热技术具有效率高、运行成本低和污染少等优点，具有潜在的应用价值，受到广泛关注。利用催化燃烧炉不但能减少企业生产成本，还能有效控制环境污染。随着人们对环保意识的不断提升，这种无污染的燃烧方式会有更广泛的空间。

参考文献

[1]　耿博潇．催化燃烧与气相燃烧对烟气的分析及规律研究[D].[硕士学位论文]．北京：北

京建筑工程学院，2011.

[2] 姜新杰."北京烤鸭"烤制过程中抑制多环芳烃产生的试验研究[D].[硕士学位论文].北京：中国农业大学，2007.

[3] 师兴兴.民用燃具燃烧特性研究以及催化燃烧的应用[D].[硕士学位论文].北京：北京建筑工程学院，2013.

[4] 张世红，何林，李宁.天然气催化燃烧V型冷凝锅炉热效率的研究，北京建筑工程学院学报，2009，25(3)：11-13.

[5] 张世红，孙威，耿博潇.天然气催化燃烧器在烤箱中的应用.北京建筑工程学院学报，2010，26(1)：28-31.

[6] 张世红，何繁，房凯，于哲.天然气低碳催化燃烧烤箱的应用及烟气对大气的影响研究.北京建筑大学学报，2015，Vol. 31，No.，52-55.

[7] 张世红 Valerie Dupont，Alan Williams. 天然气低碳催化燃烧的应用与雾霾防治.前沿科学(季刊)，2014，8(31).

图 5-4　放入催化燃烧烤箱内加热 35min 后的肉（a）

图 5-10　天然气催化燃烧高温热辐射烧制的唐三彩